博碩文化

Python 程式
設計

與

OpenAI API
應用

零基礎建構非同步GUI的AI聊天機器人

- ▹ 從入門到活用 Python 程式設計，讓你成為 Python 專家
- ▹ 進階學習 Python 多執行緒、多程序、非同步 I/O 及 tkinter
- ▹ 實作與應用 OpenAI API，建構專屬的 AI 聊天機器人
- ▹ 完整理解 Python 非同步程式設計的核心觀念

王進德 著

Python 程式設計與 OpenAI API 應用

／零基礎建構非同步 GUI 的 AI 聊天機器人／

作　　者：王進德
責任編輯：曾婉玲

董 事 長：陳來勝
總 編 輯：陳錦輝

出　　版：博碩文化股份有限公司
地　　址：221 新北市汐止區新台五路一段 112 號 10 樓 A 棟
　　　　　電話 (02) 2696-2869　傳真 (02) 2696-2867

郵撥帳號：17484299　戶名：博碩文化股份有限公司
博碩網站：http://www.drmaster.com.tw
讀者服務信箱：dr26962869@gmail.com
讀者服務專線：(02) 2696-2869 分機 238、519
（週一至週五 09:30 ～ 12:00；13:30 ～ 17:00）

版　　次：2023 年 11 月初版

建議零售價：新台幣 600 元
Ｉ Ｓ Ｂ Ｎ：978-626-333-643-8（平裝）
律師顧問：鳴權法律事務所 陳曉鳴 律師

本書如有破損或裝訂錯誤，請寄回本公司更換

國家圖書館出版品預行編目資料

Python 程式設計與 OpenAI API 應用：零基礎建構非
同步 GUI 的 AI 聊天機器人 / 王進德著. -- 初版. -- 新
北市：博碩文化股份有限公司, 2023.11
　　面；　公分

ISBN 978-626-333-643-8(平裝)

1.CST: Python(電腦程式語言) 2.CST: 人工智慧

312.32P97　　　　　　　　　　　　　112017692

Printed in Taiwan

歡迎團體訂購，另有優惠，請洽服務專線
博 碩 粉 絲 團　(02) 2696-2869 分機 238、519

序言

Python 是一種容易學習且功能強大的程式語言，深受程式設計師的喜愛，雖然目前市面上有許多 Python 程式設計入門的書，但在本書中，您將不只學會 Python 的基礎語法，也會學到一些進階的課題，如物件導向、多執行緒、多程序、非同步 I/O 及 tkinter 程式設計等課題。

OpenAI 公司推出的 ChatGPT，不只可以生成類似我們寫出來的文字，且可以流暢回答各式問題，是一款功能強大的聊天機器人。在本書中，您將活用 Python，以 Python 實作 OpenAI API，建構專屬的 ChatGPT 應用程式。

本書內容不只對 Python 程式設計進行系統性的介紹，也詳細說明 OpenAI API 的應用。書中安排了許多程式範例，由淺入深說明 Python 程式設計的概念，來幫助讀者的學習，並經由實作的過程中，建構專屬的非同步 GUI 版的語音聊天機器人。

本書得以順利的完成，要感謝博碩文化全體編輯同仁的全力幫助，使本書可以在最短時間內出版，在此致上我最誠摯的謝意。同時，我也要將完成此書的喜悅，獻給我最親愛的家人、我最心愛的老婆以及我最疼愛的兩個小兒。

雖然筆者懷抱著要以最佳內容獻給讀者的心情來編寫此書，但若在閱讀本書時有發現任何疏漏之處，請讀者多加指正，筆者將不勝感激！

王進德 謹識

✉ jdwang66@gmail.com

目 錄

01

Python基礎（一）

.1 本章提要

　　Python 是一種受歡迎的程式語言，由 Guido van Rossum 建立，並於 1991 年發布，具有 30 年的發展歷史。Python 是一種物件導向、直譯式的電腦程式語言，它包含了一組功能完備的標準庫，可用於 Web 應用程式、軟體開發、資料科學與機器學習。

　　開發人員喜歡使用 Python 的原因，在於 Python 效率高、容易學習，且可以在許多不同的平台上執行。Python 軟體可以免費下載，擁有許多第三方開發的資源，可加快我們的開發速度。

.2 安裝 Python

🤖 工作環境

　　本書工作環境如下：

❑ Windows 10 作業系統。

❑ Python 3.11.5（64-bit）。

❑ 程式編輯器為 VS Code。

🤖 安裝 Python

STEP/ **01** 要安裝 Python，可至 Python 官方網站（ⓊⓇⓁ https://www.python.org/）下載 Python 軟體。

STEP/ **02** 下載後進行安裝，安裝畫面如圖 1-1 所示，安裝時記得勾選「Add Python.exe to PATH」，將 Python.exe 加入環境變數 PATH 中。

圖 1-1

查看 Python 版本

STEP/ **01** 安裝好 Python 軟體，我們可開啟「執行」視窗，如圖 1-2 所示。輸入「cmd」再按下 [Enter] 鍵，即可開啟「命令提示字元」。

圖 1-2

STEP/ **02** 在命令提示字元中，輸入下列指令來查看 Python 軟體的版本。

```
python  --version

Out:
Python 3.11.5
```

STEP/ **03** 執行畫面如圖 1-3 所示。在本書中,我們將圖 1-3 的視窗,稱為「cmd 視窗」。

圖 1-3

 Python 命令列操作

STEP/ **01** 開啟 cmd 視窗,輸入 python 指令,即可進入 Python 命令列操作。

```
python


Out:
Python 3.11.5 (tags/v3.11.5:cce6ba9, Aug 24 2023, 14:38:34) [MSC v.1936 64 bit
(AMD64)] on win32
Type "help", "copyright", "credits" or "license" for more information.
>>>
```

STEP/ **02** 輸入「print("Hello, World!")」指令,可以印出「Hello, World!」字串。

```
>>> print("Hello, World!")


Out:
Hello, World!
```

STEP/ **03** 若要結束操作,可以輸入「exit()」指令。

```
>>> exit()
```

 建立 Python 程式

STEP/ **01** 開啟 VS Code 程式編輯器來編輯程式，內容如下：

```
print("Hello, World!")
```

STEP/ **02** 將程式存檔，檔名為「hello.py」。

STEP/ **03** 開啟 cmd 視窗，可輸入下列指令來執行程式：

```
python  hello.py

Out:
Hello, World!
```

1.3 Python 基本語法

註解

　「在程式中加入註解」是一個好習慣，註解可用來說明我們的程式邏輯。執行程式時，Python 的直譯器會忽略這些註解。

❑ 在字串前加上「#」，可用來建立單行註解。

```
# This is a comment.

print("Hello, World!")
```

❑ 在字串前加上三引號「"""」，在字串後再加上「"""」，可用來建立多行註解。

```
""" This is a
multiline docstring. """
```

```
print("Hello, World!")
```

 ## 變數

在 Python 中，我們不需要宣告變數的資料型別，只要直接給值、給變數即可。

```
a = 123
b = 12.34
c = "Hello"
d = 'Hello'
e = True
```

其中，變數 a 為整數，變數 b 為浮點數，變數 c 及 d 為字串，我們可以使用單引號或雙引數來定義字串，而變數 e 為布林。

 ## print()

若要顯示輸出，可以使用 print() 函式。print() 函式的語法如下：

```
print( 項目 1, 項目 2, …, sep= 分隔字元 , end= 結束字元 )
```

説明

❑ sep：預設值為空白字元 ("")。

❑ end：預設值為換列字元 ("\n")。

使用 print() 函式的範例如下：

```
x="awesome"
print("Python is" + x)              # Python isawesome
print("Tony", 20, 60)               # Tony 20 60
print("Tony", 20, sep="&", end="")
print(60)                           # Tony&2060

Out:
```

```
Python isawesome
Tony 20 60
Tony&2060
```

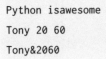 input()

我們可以使用 input() 函式來取得使用者輸入的資料。

```
x =input("Enter value:")
print(x)

Out:
Enter value:50
50
```

算術運算子

Python 可以使用下列的算術運算子：

表 1-1 算術運算子

運算子	說明
+	加。
-	減。
*	乘。
/	除。
%	求餘數。
**	乘冪。
//	Floor 除法，忽略小數點後的數字。

範例 1-1

❏ 使用 input() 函式來取得使用者輸入的攝氏溫度，轉換為整數後，再轉換為華氏溫度，然後印出轉換後的結果。

❏ 由於 input() 取得的值為字串，所以在進行計算時，我們使用 int() 函式，將字串轉成數值，以利進行數值運算。

```
tempC = input("Enter temp in C: ")
tempF = (int(tempC) * 9) / 5 + 32
print(tempF)

Out:
Enter temp in C: 20（輸入）
68
```

🤖 字串

字串可以用單引號、雙引號、三個單引號、三個雙引號來表示。

❏ 短字串使用單引號或雙引號。

```
'This is also a string.'
"This is a string."
```

❏ 多行字串使用三個單引號或三個雙引號。

```
'''This is
a string.'''

"""This is
a string."""
```

🤖 字串中同時使用單引號及雙引號

若要建立的字串中有使用到單引號及雙引號，必須錯開，不可同時使用。

```
"That's mine!"
'"Hi!", he said.'
```

脱逸字元

如同 C 語言，可以在定義字串時加入脱逸字元，例如：\t 表示 Tab，\n 表示換列。

```
s = "This\tis\na\ttest"
print(s)
```

```
Out:
This    is
a    test
```

字串串接

若要進行字串串接，可以使用 + 運算子。

```
s1 = "abc"
s2 = "def"
s = s1 + s2
print(s)
```

```
Out:
abcdef
```

f 字串

f 字串是 Python 3.6 新增功能，可以讓我們將變數的值插入到字串中。使用 f 字串時，須將字母 f 放在左引號之前，將要在字串中使用的變數名稱用「大括號」括起來，當顯示字串時，Python 將用它的變數值替換每個變數。

範例 1-2

❑ 使用 f 字串。

```
first_name = "John"
last_name = "Doe"
full_name = f"{first_name} {last_name}"
print(full_name)

Out:
John Doe
```

轉換函式

str() 函式是個很有用的函式，可以用來將數值轉為字串，方便我們在使用 print()
函式時，進行字串的串接。

```
s = str(123)
```

可以使用 int() 或 float() 函式，將字串轉為整數或浮點數，方便我們進行數值的運
算。

```
i = int("-123")
f = float("3.14159")
```

int() 函式還有一種妙用，當我們輸入字串時，可以指定基數，如 2 進位或是 16 進
位，int() 函式即會幫我們轉成正確的 10 進位數值。

```
a = int("1010",2)
b = int("A0A0", 16)
print(a, b)

Out:
10    41120
```

1.4 Python 字串處理

 len()

在 Python 中，可以使用 len() 函式來取得字串的長度。

```
print(len("abcdef"))


Out:
6
```

 find()

若要得知子字串在某字串中的位置，則可以使用 find() 函式。以下範例的輸出結果中，10 是子字串的索引值，由 0 開始計數。

```
s = "This is a test"
print(s.find("test"))


Out:
10
```

 [:]

另一方面，若我們要取出某字串的部分字串，可以使用 [:] 符號。例如，若我們要取出字串的第 2 個字元至第 10 個字元，敘述如下：

```
s = 'This is a test'
print(s[1:10])


Out:
his is a
```

其中，要注意字元的位置是從 0 開始算起，所以 s[1:10] 表示從第 2 個字元開始，但取出的字元不包含索引值 10 的字元。

 replace()

使用 replace() 函式，可以讓我們用某字串取代來源字串中的某些字元。例如：下列程式在執行後，會將字串中所有的 test 字串以 book 字串取代。

```
s = "This is a test"
print(s.replace("test", "book"))


Out:
This is a book
```

upper() 及 lower()

若我們需要將字串轉成大寫或小寫，可以使用 upper() 函式及 lower() 函式。

```
s = 'This is a test'
print(s.upper())
print(s.lower())


Out:
THIS IS A TEST
this is a test
```

1.5 條件敘述

if 條件敘述

如同 C 語言一樣，Python 也有 if 敘述。

```
x = 11
if x > 10:
    print("x is big")
```

```
Out:
x is big
```

　　在輸入上列敘述時，注意 if 條件式的後面有「:」號，且在輸入 print 敘述前，要先按 Tab 鍵內縮 print 敘述，否則會有錯誤訊息。

if ~ else 敘述

　　以下範例示範 Python 的 if ~ else 敘述：

```
x = 10
if x > 10:
    print("x is big")
else:
    print("x is small")
```

```
Out:
x is small
```

if ~ elif ~ else 敘述

　　以下範例示範 Python 的 if ~ elif ~ else 敘述：

```
x = 50
if x > 100:
    print("x is big")
elif x < 10:
    print("x is small")
else:
    print("x is middle")
```

```
Out:
x is middle
```

 ## 關係運算子

使用 Python 的 if 敘述時，常會搭配關係運算子，而 Python 的關係運算子，如下所示。

表 1-2　關係運算子

運算子	說明
<	小於。
>	大於。
<=	小於等於。
>=	大於等於。
==	等於。
!=	不等於。

 ## 邏輯運算子

Python 的邏輯運算子為 and（且）、or（或）、not（非）。

```
x = 50
if x >= 10 and x <= 100:
    print('x is in the middle')

Out:
x is in the middle
```

1.6 迴圈敘述

 for ~ range 敘述

❑ 以下範例表示從 1 開始計數，直到 10（注意：不包含 11），所以將會重複執行 10次。

```
for i in range(1, 11):
    print(i)

Out:
1
2
3
4
5
6
7
8
9
10
```

❑ 以下範例中，range(10, 20, 5) 表示從 10 開始，直到 19 結束，每次增加 5。

```
for i in range(10, 20, 5):
    print(i)

Out:
10
15
```

 while 敘述

以下範例示範 Python 的 while 敘述：

```
x=10
while x < 30:
    print(x)
    x += 5


Out:
10
15
20
25
```

break 敘述

Python 的 break 敘述可以用來離開 while 或 for 迴圈。

```
x=10
while x < 30:
    if ( x == 20):
        break
    print(x)
    x+=5


Out:
10
15
```

在輸入上述程式時，注意輸入 break 敘述前，要按兩次 Tab 鍵，內縮兩次。

continue

使用 continue 敘述，可以跳到迴圈起始處繼續執行。在以下範例中，當 i == 3 時，會跳到 while 迴圈起始處，所以不會印出 3。

```
i = 0
while  i < 6:
    i += 1
    if  i == 3:
        continue
    print(i)


Out:
1
2
4
5
6
```

在輸入上述程式時，注意輸入 continue 敘述前，要按兩次 Tab 鍵，內縮兩次。

1.7 自定義函式

 ### def 敘述

以下範例示範如何在 Python 中自定義函式，其中使用了 def 敘述，我們自定義了一個名為 mycnt() 的函式，並以 return 敘述，讓函式回傳值。

```
def mycnt():
    total=0
    for i in range(10, 20, 5):
        print(i, end=" ")
        total += i
    print("")
    return total


print(f'total={mycnt()}')
```

```
Out:
10 15
total=25
```

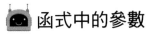 函式中的參數

稍加修改一下 mycnt() 函式，讓函式含有一個參數 n：

```
def mycnt(n):
    total=0
    for i in range(10, n, 5):
        print(i, end=" ")
        total += i
    print("")
    return total


print(f'total={mycnt(30)}')

Out:
10 15 20 25
total=70
```

也可以讓函式中的參數 n，具有預設值 20：

```
def mycnt(n=20):
    total=0
    for i in range(10, n, 5):
        print(i, end=" ")
        total += i
    print("")
    return total


print(f'total={mycnt()}')
```

```
Out:
10 15
total=25
```

函式中包含多個參數

若我們的函式需要多個參數，例如：若我們需從某數開始計數，再結束於某個數值，則可以在函式中加入二個參數 n1 及 n2：

```
def mycnt(n1=10, n2=30):
    total=0
    for i in range(n1, n2, 5):
        print(i, end=" ")
        total += i
    print("")
    return total


print(f'total={mycnt()}')

Out:
10 15 20 25
total=70
```

不定數目參數

若函式包含有不定數目的參數，可以在定義函式時，在參數名稱前加星號「*」。例如：在以下範例中，func1() 函式中的 *args 參數，表示為不定數目的參數，可以使用 for loop 取得 *args 參數中的每一個參數。

```
def  func1(*args):
    ....
```

範例 1-3

❏ 定義 calsum() 函式，可進行多數值的累加。

```
def  calsum(*params):
    total=0
    for param in params:
        total += param
    return total


total=calsum(4,5,12)
print(f"calsum(4,5,12)= {total}")

Out:
calsum(4,5,12)= 21
```

關鍵字引數

若有一個 get_net_price() 函式，定義如下：

```
def get_net_price(price, discount):
    return price * (1-discount)
```

我們在呼叫此函式時，可使用關鍵字引數，例如：discount=0.1, price=500。

```
net_price = get_net_price(discount=0.1, price=500)
print(f"net_price = {net_price:.2f}")

Out:
net_price = 450.00
```

不定數目關鍵字參數

若函式中包含有不定數目的關鍵字參數，可以在定義函式時，以 **kwargs 參數來表示。

範例 1-4

❑ 定義 build_profile() 函式，內有 first, last 參數，及不定數目參數 **user_info。將 first 參數值加入 user_info["first_name"] 變數中，將 last 參數值加入 user_info["last_name"] 變數中，並回傳 user_info。

```python
def build_profile(first, last, **user_info):
    user_info['first_name'] = first
    user_info['last_name'] = last
    return user_info

user_profile = build_profile('albert', 'einstein', location='princeton',
field='physics')
print(user_profile)

Out:
{'location': 'princeton', 'field': 'physics', 'first_name': 'albert', 'last_name':
'einstein'}
```

❑ 在呼叫 build_profile() 時，user_info 變數有 location 及 field 兩個關鍵字參數；在呼叫 build_profile() 函式後，user_info 變數新增 first_name 及 last_name 兩個關鍵字參數，所以最後 user_info 變數內有 location、field、first_name 及 last_name 等四個關鍵字參數。

區域變數與全域變數

在函式內定義的變數，稱為「區域變數」（local variable），區域變數的影響範圍只在函式內，當離開函式時，該變數的生命週期也就結束。在函式外定義的變數，稱為「全域變數」（global variable），全域變數是該變數可以在整個程式內使用，影響範圍在這個程式內，一直到結束這個程式時，該變數的生命週期才會結束。

❑ 以下範例的 s 變數為全域變數，func() 函式中印出的 s 變數，即為全域變數 s。

```python
def func():
    print(f'func(): {s}')
```

```
s = 'Hello World'
print(s)
func()


Out:
Hello World
func(): Hello World
```

❏ 以下範例中，func() 函式的 s 變數為區域變數。

```
def func():
    s = "Good Morning"
    print(f'func(): {s}')


s = 'Hello World'
print(s)
func()


Out:
Hello World
func(): Good Morning
```

global 關鍵字

若要在函式內定義全域變數，需要使用 global 關鍵字。

以下範例執行 func() 函式後，即會定義一個全域變數 s：

```
def func():
    global s
    s = "Good Morning"
    print(f'func(): {s}')


func()
print(s)
```

```
Out:
func(): Good Morning
Good Morning
```

 lambda 函式

lambda 函式是一個小的匿名函數，它是沒有函式名稱的小函式。lambda 函式可以使用任意數量的參數，但只能有一個表達式。lambda 函式的語法如下：

lambda 參數：表達式

❑ 以下範例定義 lambda 函式，有一個參數 a，表達式為 a+10。

```
x = lambda a : a + 10
print(x(5))     # x = 5+10

Out:
15
```

❑ 以下範例定義 lambda 函式，有二個參數 a 及 b，表達式為 a*b。

```
x = lambda a, b : a * b
print(x(5, 6))    # x = 5*6

Out:
30
```

❑ 以下範例定義 myfunc(n) 函式，在函式中回傳 lambda 函式，有一個參數 a，表達式為 a*n。

```
def myfunc(n):
  return lambda a : a * n

mydoubler = myfunc(2)     # 回傳 lambda a: a*2
```

```
print(mydoubler(11))        # mydoubler = 11*2

mytripler = myfunc(3)       # 回傳 lambda a: a*3
print(mytripler(11))        # mytripler = 11*3

Out:
22
33
```

1.8 串列（List）

在 Python 中，「串列」（List）是一群資料的集合，讓我們可以用一個變數，來掌握一系列的資料。例如：我們可以建立了一個名爲「a」的 List：

```
a = ['A001', 'Tony', False, 170, 72.5]
```

串列變數 a 中有五個元素，分別表示「編號、姓名、性別、身高、體重」，而資料類型分別爲「字串、字串、布林、整數、浮點數」。

存取 List 元素

以下操作示範了如何存取 List 變數中的第二個元素，以及修改 List 變數中的第二個元素值。

```
print(a[1])     # Tony
a[1] = 'John'
print(a)

Out:
['A001', 'John', False, 170, 72.5]
```

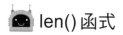 len() 函式

我們可以使用 len() 函式來取得 List 的長度。

```
print(len(a))

Out:
5
```

新增 List 元素

若我們要新增 List 的元素，可以使用 append()、insert()、extend() 等函式。

❑ 以下範例使用 append() 函式，將一個元素新增至 List 的最後面。

```
a = ['A001', 'Tony', False, 170, 72.5]
a.append("new")
print(a)

Out:
['A001', 'John', False, 170, 72.5, 'new']
```

❑ 以下範例使用 insert() 函式，在指定位置新增 List 中的元素。其中，insert() 函式中的第一個參數，表示欲新增的索引值，由 0 開始計算，所以 2 表示第 3 個位置。

```
a = ['A001', 'Tony', False, 170, 72.5]
a.insert(2, "new2")
print(a)

Out:
['A001', 'Tony', 'new2', False, 170, 72.5]
```

❑ 以下範例使用 extend() 函式，將一個 List 中的所有元素新增至另一個 List 的最後。

```
a = ['A001', 'Tony', False, 170, 72.5]
b = [18, 19]
a.extend(b)
print(a)


Out:
['A001', 'John', 'new2', False, 170, 72.5, 'new', 18, 19]
```

移除 List 元素

若要從 List 中移除元素，可以使用 pop() 函式。

❑ pop() 函式可以移除 List 中最後的元素。

```
a = ['A001', 'Tony', False, 170, 72.5]
a.pop()
print(a)


Out:
['A001', 'Tony', False, 170]
```

❑ pop() 函式中也可以加入一個參數，表示想移除項目的位置。例如：若我們想移除索引位置為 2 的元素，可以使用 pop(2)：

```
a = ['A001', 'Tony', False, 170, 72.5]
a.pop(2)
print(a)


Out:
['A001', 'Tony', 170, 72.5]
```

split() 函式

❑ 使用 split() 函式，可以將字串分割成 List 串列，List 中的每個元素為獨立的元素。split() 函式預設分割的字元符號為所有的空字串，包括空格、'\n' 及 '\t' 等。

```
a="This is a test".split()
print(a)
```

```
Out:
['This', 'is', 'a', 'test']
```

❑ split()函式中可以加入一個參數，表示分割的字元符號。例如：若我們希望以「--」
字元爲依據來分割字串。

```
a="This--is--a--test".split('--')
print(a)
```

```
Out:
['This', 'is', 'a', 'test']
```

❑ 當我們讀取文字檔案時，若文字檔中字串的分割字元爲逗號，則可以使用 split(',')
函式來分割字串。

```
a="This,is,a,test".split(',')
print(a)
```

```
Out:
['This', 'is', 'a', 'test']
```

循環存取 List

我們可以使用 for 指令來循環存取 List。

```
a = ['A001', 'Tony', False, 170, 72.5]
for x in a:
    print(x, end=" ")
```

```
Out:
A001 Tony False 170 72.5
```

在上述的程式中，記得在輸入「print(x, end=" ")」時，要先按一下 Tab 鍵，內縮敘述，否則會產生錯誤。

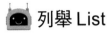 列舉 List

若我們想循環訪問 List，且得知每個元素的索引及元素值，可以使用 enumerate() 函式來列舉 List。

```
a = ['A001', 'Tony', False, 170, 72.5]

for (i,x) in enumerate(a):
    print(i, x)

Out:
0 A001
1 Tony
2 False
3 170
4 72.5
```

也可以使用一個索引變數來計數索引值，並取得元素值。

```
a = ['A001', 'Tony', False, 170, 72.5]

for i in range(len(a)):
    print(i, a[i])

Out:
0 A001
1 Tony
2 False
3 170
4 72.5
```

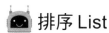 排序 List

我們可以使用 sort 指令來排序 List 中的元素。

```
b= ['this', 'is', 'a', 'test']
b.sort()
print(b)


Out:
['a', 'is', 'test', 'this']
```

排序後，原本的 List 中的元素位置就改變了。若想保留原本的 List，可以使用標準函式庫中的 copy 函式來複製 List，再針對複製的 List 進行排序。

```
import copy
b= ['this', 'is', 'a', 'test']
c=copy.copy(b)
c.sort()
print(b,c)


Out:
['this', 'is', 'a', 'test'] ['a', 'is', 'test', 'this']
```

切割 List

若我們想取得 List 中部分元素的子 List，可以使用 [:] 運算符號。

❑ 以下範例中，[1:3] 表示從索引位置 1 至索引位置 2。請注意不包含 3。

```
mystr = ["a", "b", "c", "d"]
print(mystr[1:3])


Out:
['b', 'c']
```

❑ 以下範例中，[:3] 表示取出索引位置 0, 1, 2。而 [3:] 表示自索引位置 3 開始至最後。

```
print(mystr[:3])      # ['a', 'b', 'c']
print(mystr[3:])      # ['d']
```

❑ 以下範例中，負號表示索引位置由最後開始，所以 [-2:] 表示從最後開始數，取出二個元素。而 [:-2] 表示從索引位置 0 開始，直到倒數第二個元素。

```
print(mystr[-2:])     # ['c', 'd']
print(mystr[:-2])     # ['a', 'b']
```

1.9 串列表達式

以下範例可將串列 num 中的元素進行轉換，將元素進行相乘，並將轉換後的結果另存為串列 list01 中：

```
num = [1, 2, 3, 4, 5]
list01 = []
for num in nums:
    list01.append(num**2)


print(list01)

Out:
[1, 4, 9, 16, 25]
```

在 Python 中，為了協助我們進行串列元素的轉換，提供了串列表達式，語法如下：

```
[ 輸出表達式 for 元素  in  串列 ]
```

　　以下範例使用串列表達式，將串列 num 中的元素進行相乘，並將轉換後的結果另存為串列 list02 中：

```
num = [1, 2, 3, 4, 5]
list02 = [ num**2 for num in nums]
print(list02)


Out:
[1, 4, 9, 16, 25]
```

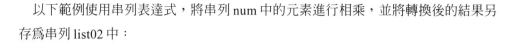 串列表達式加入 if 條件式

　　具有 if 條件式的串列表達式，語法如下：

```
[ 輸出表達式 for 元素 in 串列 if 條件式 ]
```

　　以下範例使用串列表達式，找出串列 books 中價格大於 400 的書：

```
books = [
    ['Python', 500],
    ['C++', 400],
    ['PHP', 600],
    ['HTML5', 350]
]

list03 = [book for book in books if book[1] > 400]
print(list03)

Out:
[['Python', 500], ['PHP', 600]]
```

串列表達式加入函式

　　如以下範例所示，我們可以在串列表達式中，使用 upper() 函式至串列 mystr 中的每個元素，將每個元素的字元改為大寫。

```
mystr = ["a", "b", "c", "d"]
d = [ x.upper() for x in mystr ]
print(d)

Out:
['A', 'B', 'C', 'D']
```

1.10 元組（Tuple）

「元組」（Tuple）是 Python 的一種資料類型，有點像 List 串列，但 tuple 以小括號圍住，而 List 是以中括號圍住。tuple 範例如下所示：

```
tuple_sample = ('apple', 5, 88)
print(tuple_sample)

Out:
('apple', 5, 88)
```

tuple 與 List 還有一個不同點是「List 串列可以修改，而 tuple 不能修改」。

回傳多個數值

tuple 的一個應用是可用在函式中回傳多個數值。

範例 1-5

❏ 定義 convert() 函式，可以將絕對溫度轉換為攝氏及華氏溫度，並使用 tuple 同時回傳攝氏及華氏溫度。

```
def convert(kelvin):
    celsius = kelvin - 273
```

```
    fahrenheit = celsius * 9 / 5 + 32
    return (celsius, fahrenheit)

c, f =convert(300)
print(f"celsius: {c:.2f}, fahrenheit: {f:.2f}")

Out:
celsius: 27.00, fahrenheit: 80.60
```

1.11　字典（Dictionary）

　　我們可以使用「字典」（Dictionary）來查閱表格，其中表格中的每一列都具有鍵、值儲存格。假設我們有一個表格：

表 1-3　鍵值對

key	value
Simon	10
John	20
Peter	30

　　要建立字典，我們可以使用 {} 符號：

```
dic = {'Simon':10, 'John':20, 'Peter':30}
print(dic)

Out:
{'Simon': 10, 'John': 20, 'Peter': 30}
```

　　在上述指令中，key 鍵為字串，value 值為數值，而 key 鍵與 value 值可以是任意資料型別，其中 value 值還可以為另一個 dictionary 或 List。

```
a = {'key1':'value1', 'key2':2}
b = {'key3':a}
print(b)

Out:
{'key3': {'key2': 2, 'key1': 'value1'}}
```

　　當我們在顯示字典的內容時，有一點要注意的是「它的順序不一定會跟我們建立時的順序相同」。

存取字典

　　我們可以使用 [] 符號來尋找或改變 dictionary 的鍵值對，此時字典的 key 就如同索引，可以讓我們找到相對應的項目值。

```
dic = {'Simon':10, 'John':20, 'Peter':30}
print(dic['Simon'])     # 10
dic['Peter']=50
print(dic)              # {'Simon': 10, 'John': 20, 'Peter': 50}
```

新增字典中的鍵值對

　　若要新增字典的鍵值對，只要加入新的鍵值對即可。

```
dic = {'Simon':10, 'John':20, 'Peter':50}
dic['Mary'] = 100
print(dic)

Out:
{'Simon': 10, 'John': 20, 'Mary': 100, 'Peter': 50}
```

移除字典中的鍵值對

　　使用 pop 函式，可以讓我們移除字典中指定的 key。

```
dic = {'Simon': 10, 'John': 20, 'Mary': 100, 'Peter': 50}
dic.pop('John')
print(dic)


Out:
{'Simon': 10, 'Mary': 100, 'Peter': 50}
```

循環存取字典的 key

我們可以使用 for 指令來循環存取字典的索引（key）。

```
dic = {'Simon': 10, 'Mary': 100, 'Peter': 50}
for name in dic:
    print(name)


Out:
Simon
Mary
Peter
```

在上述程式中，記得在輸入「print(name)」時，要先按 Tab 鍵內縮 print 敘述，才不會出錯。

循環存取字典的鍵值對

若我們想同時循環訪問鍵值對，可以使用字典的 items() 方法，程式碼如下：

```
dic = {'Simon': 10, 'Mary': 100, 'Peter': 50}
for name, num in dic.items():
    print(name + " " + str(num))


Out:
Simon 10
Mary 100
Peter 50
```

M・E・M・O

02

Python基礎（二）

2.1 模組（Module）

典型的 Python 程式由多個來源檔組成，每個來源檔稱為「模組」（module）。模組是副檔名為「.py」的檔案，模組中可包含資料及函式。

以下範例是建立一個 mymodule.py 模組，檔案內容如下：

```
# mymodule.py

person1 = {
  "name": "John",
  "age": 36,
  "addr": "Taipei"
}

def  greeting(name):
  print("Hello, " + name)
```

要使用模組，可以透過 import 指令將指定的模組匯入，並使用該模組中所定義的資料及函式。

以下範例是在主程式中匯入 mymodule 模組，並使用模組內的 greeting() 函式：

```
import  mymodule
mymodule.greeting("Tony")
```

請注意，當我們要存取 mymodule 模組內的 greeting() 函式時，前面再加上 mymodule 模組名。

要存取 mymodule 模組中的 person1 字典，程式碼如下：

```
import  mymodule
a = mymodule.person1["age"]
print(a)  # 36
```

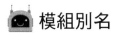 **模組別名**

在 import 模組時，可以使用 as 關鍵字來建立模組的別名。

以下範例是將 mymodule 模組命名爲「mx」：

```
import  mymodule  as  mx


a = mx.person1["age"]
print(a)
```

選擇只匯入模組部分內容

使用 from 關鍵字，可以選擇匯入模組部分內容。

以下範例是選擇只匯入模組中的 person1 字典：

```
from  mymodule  import  person1
print (person1["age"])
```

請注意，當我們以 from 關鍵字匯入模組 mymodule 的 person1 字典，若要存取 person1，不需要在前面再加上 mymodule 模組名。

__name__ 的使用

在 Python 中，__name__ 是一個特殊的變數，它會依據模組的執行方式，指派不同的值。模組若單獨被執行，__name__ 變數會設爲 __main__；模組若被 import 而非單獨被執行，__name__ 會設爲模組的名稱。有了 __name__ 變數，我們就可以在模組內進行程式碼的測試。

以下範例是修改 mymodule 模組，加入測試條件及測試程式碼：

```
person1 = {
  "name": "John",
  "age": 36,
  "addr": "Taipei"
```

```
}

def  greeting(name):
  print("Hello, " + name)

if __name__ == '__main__':
  print(person1["addr"])
  greeting("Mary")
```

當我們直接執行 mymodule.py 程式時，結果如下：

```
python  mymodule.py

Out:
Taipei
Hello, Mary
```

當我們在主程式匯入 mymoudle.py 時，由於 __name__ 變數值為 mymodule，所以 if __name__ == '_main_' 後面的測試程式碼並不會出現在主程式中。

2.2 random 模組

使用 randint()

random 是一個用來產生亂數的模組。若我們想產生指定範圍內的隨機整數，可以先匯入 random 模組，再使用模組內的 randint() 函式。

以下範例會產生 1~10 範圍內的隨機數字（包含 1 和 10）：

```
import  random
print(random.randint(1, 10))
```

Out:

6

 ## from random import *

我們也可以匯入 random 模組中的所有函式，並使用 randint() 函式：

```
from  random  import  *
print(randint(1, 10))
```

但 [from 模組 import *] 不是一個好寫法，因為有可能在匯入其他模組的所有函式時，也有與 randint() 相同名稱的函式，此時第二個模組的 randint() 將覆寫第一個模組的 randint()，我們的程式將產生不可預期的錯誤。

 ## from random import randint

較好的方式是直接指定 random 模組中的 randint()：

```
from  random  import  randint
randint(1, 10)
```

[from 模組 import 指定函式] 寫法的最大好處是不需要匯入模組中的所有函式，雖然也有可能在匯入其他模組時，會有與 randint() 相同名稱的函式，但至少有了提示效果，可以讓我們決定要採用那個模組的 randint() 函式。

 ## 使用 random.choice()

random 模組的 choice() 函式可以接受串列 List，並回傳串列 List 中的隨機元素。

以下範例是隨機回傳串列 ['a', 'b', 'c'] 中三個元素中的某一個元素：

```
import random
print(random.choice(['a', 'b', 'c']))
```

Out:

a

範例 2-1

❑ 使用 random 模組的 choice() 函式，每次的隨機選取會有重複的問題，若要讓隨機
選取不會重複，程式碼如下：

```python
import random
from copy import copy

list = ['a', 'b', 'c']
working_list = copy(list)

while len(working_list) > 0 :
    x = random.choice(working_list)
    print(x)
    working_list.remove(x)
```

執行結果

```
b
a
c
```

2.3 套件（Package）

當我們將程式碼模組化後，專案中的模組就會越來越多，這時就可以再將相似的
模組組織為「套件」（Package）。套件是一個資料夾，包含了一個或多個的模組，
並且擁有 __init__.py 檔案，其中可以撰寫套件初始化的程式碼。

範例 2-2

❑ 建立一個名為「mytools」的套件，內有我們寫的一些小工具模組，圖 2-1 是我們
建立的套件資料夾。

圖 2-1

❑ 圖 2-1 的 bmi.py 是用來計算及評估 bmi 的小工具，內有 calc_bim() 函式及 eval_bim() 函式。

```
# bmi.py

# 計算 bmi
def calc_bmi(height, weight):
    height=height/100
    return weight / height**2

# 評估 bmi
def eval_bmi(bmi):
    if 18.5 <= bmi <= 24.9:
        return '健康'

    if bmi >= 25:
        return '過重'

    return '過輕'
```

❑ 圖 2-1 的 temp.py 是用來進行攝氏華氏溫度轉換的小工具，內有 c_to_f() 函式及 f_to_c() 函式。

```
#temp.py

# 攝氏轉華氏
def c_to_f(c):
    return 9 * c / 5 +32

# 華氏轉攝氏
```

```
def f_to_c(f):
    return 5 * (f - 32) / 9
```

❑ 在主程式中，我們匯入了 mytools 套件的 bmi 模組及 temp 模組，並使用模組內的函式。

```
import mytools.temp
import mytools.bmi

# 攝氏轉華氏
temp_f=mytools.temp.c_to_f(32)
print(f" 華氏溫度 = {temp_f:.2f}")

# 計算及評估 bmi
bmi=mytools.bmi.calc_bmi(170,80)
eval=mytools.bmi.eval_bmi(bmi)
print(f"bmi = {bmi:.2f}")
print(f" 評估結果 : {eval}")
```

執行結果

```
華氏溫度 = 89.60
bmi = 27.68
評估結果 : 過重
```

使用 __init__.py

通常，當我們匯入一個套件時，Python 會執行該套件 __init__.py 中的指令，因此我們可以將程式碼放在 __init__.py 檔案中來初始化套件資料。

範例 2-3

❑ 圖 2-1 的 __init__.py 可以初始化 mytools 套件，程式碼如下：

```
from mytools.temp import f_to_c, c_to_f
from mytools.bmi import calc_bmi, eval_bmi
```

❑ 此時，我們可以修改範例 2-2 的程式，在匯入 mytools 套件時，以較輕鬆的方式使用套件中的函式。

```
import mytools

# 攝氏轉華氏
temp_f = mytools.c_to_f(32)
print(f" 華氏溫度 = {temp_f:.2f}")

# 計算及評估 bmi
bmi=mytools.calc_bmi(170,80)
eval=mytools.eval_bmi(bmi)
print(f"bmi = {bmi:.2f}")
print(f" 評估結果 : {eval}")
```

執行結果

```
華氏溫度 = 89.60
bmi = 27.68
評估結果 : 過重
```

2.4 例外處理

當程式執行時發生錯誤，若我們想捕捉錯誤，並以較友善的方式來顯示錯誤訊息，可以使用 Python 的 try ~ except 敘述。

以下範例是當我們存取一個 List 時，若索引值超出 List 的界限，此時便會發生執行錯誤：

```
list = [1, 2, 3]
print(list[4])

Out:
Traceback (most recent call last):
  File "<stdin>", line 1, in <module>
IndexError: list index out of range
```

其中,「IndexError: list index out of range」告訴我們發生錯誤的原因為「索引值超出範圍」。

 try ~ except 敘述

發生執行錯誤時,Python 會終止程式的執行。若我們不希望程式被終止執行,我們可以加入 try ~ except 敘述來捕捉錯誤,並以自訂的訊息來顯示錯誤的原因。try ~ except 的語法如下:

```
try:
    try 區塊
except:
    except 區塊
else:
    else 區塊
finally:
    finally 區塊
```

說明

❏ **try 區塊**:測試是否有 error 的程式碼。

❏ **except 區塊**:用來處理 error 的程式碼。

❏ **else 區塊**:當沒有 error 時執行的程式碼。

❏ **finally 區塊**:無論 try 和 except 區塊的結果如何,皆會執行的程式碼。

使用 try ~ except 敘述的範例如下：

```
list = [1, 2, 3]

try:
    print(list[8])
except Exception as e:
    print("out of range")
    print(e)

Out:
out of range
list index out of range
```

在範例中，「out of range」是我們自訂的錯誤訊息，而 print(e) 表示印出 Python 提供的原始錯誤訊息。

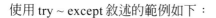 捕捉多個錯誤

我們也可以根據需求來定義多個 except 區塊，範例如下：

```
a = 10
b = 0

try:
    c = a/b
    print(c)
except ZeroDivisionError as e1:
    print(e1)
except Exception as e2:
    print(f"Something wrong: {e2}")

Out:
division by zero
```

❑ 定義 main() 函式，使用 try ~ except ~ else ~ finally 敘述，捕捉 calc_bmi() 函式的
執行錯誤，若沒有錯誤，執行 eval_bmi() 函式，最後印出完成訊息。

```python
import mytools

def main():
    try:
        height = float(input('輸入身高（公分）: '))
        weight = float(input('輸入體重（公斤）: '))
        bmi = round(mytools.calc_bmi(height, weight),2)
    except Exception as e:
        print(e)
    else:
        eval = mytools.eval_bmi(bmi)
        print(f"bmi= {bmi}")
        print(f" 評估結果 : {eval}")
    finally:
        print(" 完成 ")

main()
```

執行結果

```
輸入身高（公分）: 180
輸入體重（公斤）: 80
bmi= 24.69
評估結果 : 健康
完成

輸入身高（公分）: 0
輸入體重（公斤）: 80
float division by zero
完成
```

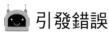 引發錯誤

我們可以選擇在條件出現時拋出錯誤，若要引發錯誤，可以使用 raise 關鍵字。

以下範例會在 b < 0 時，引發錯誤並停止程式執行：

```
a = 10
b = -1

if b < 0:
    raise Exception(" 數值小於 0")

c = a + b
print(c)

Out:
Traceback (most recent call last):
  File "d:\openai_book\ch01\try04.py", line 5, in <module>
    raise Exception(" 數值小於 0")
Exception: 數值小於 0
```

2.5　讀取文字檔案

在 Python 中，要讀取文字檔案的內容，步驟如下：

STEP/ **01** 使用 open() 函式來開啟文字檔案。

STEP/ **02** 使用檔案物件的 read()、readline() 或 readlines() 方法來讀取文字檔案的內容。

STEP/ **03** 使用檔案物件的 close() 方法來關閉檔案。

範例 2-5

❏ 文字檔案「d:/openai_book/chap02/demo.txt」的內容如下：

```
Hello! Welcome to demo.txt
This file is for testing purposes.
Good Luck!
```

❏ 開啓 demo.txt 檔案，以 readlines() 函式讀取文字檔案的所有內容。

```
try:
    f = open("d:/openai_book/chap02/demo3.txt", "r")
    print(f.readlines())
    f.close()
except Exception as e:
    print(e)
```

執行結果

```
['Hello! Welcome to demo.txt\n', 'This file is for testing purposes.\n', 'Good
Luck!\n']
```

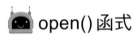 open() 函式

open() 函式可以接受許多的參數，但常用的參數如下：

```
open(path_to_file, mode)
```

其中，path_to_file 是文字檔案的路徑，例如：若文字檔案是在 d 磁碟機中的「openai_book/chap02」資料夾，文字檔檔名爲「demo.txt」，則 path_do_file 爲「d:/openai_book/chap02/demo.txt」。

參數 mode 是可選參數，它是一個字串，指定開啓文字檔的模式。常用的 mode 參數如下：

表 2-1 常用的 mode 參數

mode	說明
'w'	以寫入模式開啟檔案，若檔案不存在，則建立新檔案。
'r'	預設模式，以讀取模式開啟檔案，若檔案不存在，會回傳 error。

mode	說明
'a'	以附加模式開啟檔案，若檔案不存在，則建立新檔案。
'x'	建立指定檔案，若檔案存在，則回傳 error。
'w+'	開啟檔案，可寫入及讀取，若檔案不存在，則建立新檔案。
'r+'	開啟檔案，可讀取及寫入。
'a+'	開啟檔案，可附加及讀取。
'b'	二進位模式，例如：圖像。
't'	預設模式，文字模式。

讀取文字檔案方法

檔案物件有三個方法，可以用來讀取文字檔案內容：

表 2-2　讀取文字檔案方法

方法	說明
read(size)	從檔案中讀取指定大小 size 的內容，並回傳字串。
readline()	從檔案中讀取一行內容，並回傳字串。
readlines()	從檔案中讀取所有的內容，每一行內容放入至字串 List 中。

close() 方法

當不再存取檔案時，記得需要使用 close() 方法來關閉檔案。

with 敘述

若想自動關閉檔案而不使用 close() 方法，則可以使用 with 敘述。修改範例 2-5，使用 with 敘述來開啟 demo.txt 檔案，以 readlines() 函式讀取文字檔案的所有內容。

```
try:
    with open("d:/openai_book/chap02/demo.txt", "r") as f:
```

```
    print(f.readlines())
except Exception as e:
    print(e)


Out:
['Hello! Welcome to demo.txt\n', 'This file is for testing purposes.\n', 'Good
Luck!\n']
```

使用串列表達式

使用 readlines() 方法會一次讀取文字檔案的內容，若想一行一行印出，可以使用串列表達式。程式碼如下：

```
try:
    with open("d:/openai_book/chap02/demo.txt", "r") as f:
        [print(line) for line in f.readlines()]
except Exception as e:
    print(e)


Out:
Hello! Welcome to demo.txt

This file is for testing purposes.

Good Luck!
```

印出內容時，會發現每一行內容後會加上 '\n' 自動換列；若不想印出時自動換列，可以使用 strip() 方法。程式碼如下：

```
try:
    with open("d:/openai_book/chap02/demo.txt", "r") as f:
        [print(line.strip()) for line in f.readlines()]
except Exception as e:
    print(e)
```

Out:

Hello! Welcome to demo.txt

This file is for testing purposes.

Good Luck!

讀取 UTF-8 文字檔案

　　若讀取的文字檔案包含 UTF-8 格式的字串，如中文字串，則開啓檔案時，須傳入 encoding='utf-8' 參數。

範例 2-6

❏ 文字檔案「d:/openai_book/chap02/demo2.txt」的內容如下：

Python 之禪，Tim Peters 作於 1999 年。
優美勝於醜陋。
明確勝於晦澀。
簡單勝於複雜。

❏ 開啓 demo2.txt 文字檔，讀取 UTF-8 文字檔案的所有內容，並一行一行印出內容。

```
try:
    with open("d:/openai_book/chap02/demo2.txt", "r", encoding="utf-8") as f:
        [print(line.strip()) for line in f.readlines()]
except Exception as e:
    print(e)
```

執行結果

Python 之禪，Tim Peters 作於 1999 年。
優美勝於醜陋。
明確勝於晦澀。
簡單勝於複雜。

2.6 寫入文字檔案

在 Python 中，要寫入文字檔案的內容，步驟如下：

STEP/ **01** 使用 open() 函式來開啟文字檔案。

STEP/ **02** 使用檔案物件的 write() 或 wirtelines() 方法來讀取文字檔案的內容。

STEP/ **03** 使用檔案物件的 close() 方法來關閉檔案。

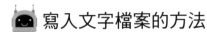 寫入文字檔案的方法

檔案物件有二個方法，可以用來寫入文字檔案內容。

表 2-3　寫入文字檔案方法

方法	說明
write(size)	寫入一個字串至文字檔案中。
writelines()	寫入一個字串 List 或是字串 tuple 至文字檔案中。

範例 2-7

❑ 開啟「d:/openai_book/chap02/readme.txt」，使用 write() 方法寫入一個串列 lines 至文字檔案。

```
lines = ['Simple is better than complex.', 'Flat is better than nested.']

with open('d:/openai_book/chap02/readme.txt', 'w') as f:
    for line in lines:
        f.write(line)
        f.write('\n')
```

執行結果

執行後，會建立檔案「d:/openai_book/chap02/readme.txt」。readme.txt 內容如下：

```
Simple is better than complex.
Flat is better than nested.
```

使用字串的 join() 寫入文字檔案

我們也可以使用字串的 join('\n') 方法，將串列中的元素以 '\n' 字元連接成一個新字串，再使用 wirte() 方法來寫入文字檔案。

```
lines = ['Simple is better than complex.', 'Flat is better than nested.']

with open('d:/openai_book/chap02/readme.txt', 'w') as f:
    f.write('\n'.join(lines))
```

寫入 UTF-8 文字檔案

若寫入文字檔案包含 UTF-8 格式的字串，如中文字串，則開啓檔案時，須傳入 encoding='utf-8' 參數。

範例 2-8

❏ 開啓「d:/openai_book/chap02/readme2.txt」，寫入串列 lines 至文字檔案中。

```
lines = ["可讀性很重要。", "錯誤不能被無聲地忽略"]

with open("d:/openai_book/chap02/readme2.txt", "w", encoding="utf-8") as f:
    for line in lines:
        f.write(line)
        f.write("\n")
```

執行結果

readme2.txt 的內容如下：

```
可讀性很重要。
錯誤不能被無聲地忽略
```

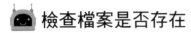

2.7 文字檔案處理

🤖 檢查檔案是否存在

在讀取或寫入文字檔時，若要檢查檔案是否存在，可使用 os.path.exists() 函式。

範例 2-9

❑ 檢查「d:/openai_book/chap02/demo.txt」檔案是否存在。

```python
from os.path import exists
f_exist = exists("d:/openai_book/chap02/demo.txt")

if f_exist:
    print("File exist.")
else:
    print("Cannot find file")
```

執行結果

```
File exist.
```

🤖 重新命名檔名

若要重新命名檔名，可以使用 os.rename() 函式：

```python
os.rename(src, dst)
```

說明

❑ Src：原始檔名，若 src 不存在，則函式會引發 FileNotFound 錯誤。

❑ Dst：欲更名的檔名，若 dst 已存在，函式會引發 FileExistsError 錯誤。

使用 os.rename() 的範例如下，可將 readme.txt 更名為 test.txt：

```
import os
try:
    os.rename('d:/openai_book/chap02/readme.txt', 'd:/openai_book/chap02/test.
txt')
except Exception as e:
    print(e)
```

刪除檔案

若要刪除檔案，可以使用 os.remove() 函式，範例如下：

```
import os
os.remove("d:/openai_book/chap02/readme.txt")
```

其中，若 readme.txt 不存在，執行程式後會引發錯誤，所以我們需要在刪除檔案前，先確認檔案是否存在，如以下範例所示：

```
import os
if os.path.exists("d:/openai_book/chap02/readme.txt"):
    os.remove("d:/openai_book/chap02/readme.txt")
else:
    print("File Not Found.")
```

2.8 JSON

JSON 是一種用於儲存及交換資料的語法，使用 JavaScript 物件表示法編寫。其中物件是大括號 {} 中的 key/value 對集合，物件中的 key 必須為字串，而 value 可以是字串、布林、數字、陣列、null 或其他物件。JSON 字串範例如下：

```json
{
    "firstName": "John",
    "lastName": "Doe",
    "isMember": true,
    "weight": 79.5,
    "height": 1.73,
    "children": 3,
    "address": {
        "line1": "123 Street",
        "line2": "San Francisco",
        "state": "CA",
        "postal": "12345"
    },
    "phone": [
        {
            "type": "work",
            "number": "1234567"
        },
        {
            "type": "home",
            "number": "8765432"
        },
        {
            "type": "mobile",
            "number": "1234876"
        }
    ],
    "oldMembershipNo": null
}
```

Python 有內建的 json 模組，可用來處理 JSON 資料。

 ## json.loads()

json.loads() 函式可用來將 JSON 字串轉換至 Python 字典物件，使用範例如下：

```
import json

# JSON 字串
x = '{ "name":"John", "age":30, "city":"New York"}'

# 轉換為字典 dict
dict = json.loads(x)
print(dict["age"])

Out:
30
```

json.dumps()

json.dumps() 函式可用來將 Python 字典轉換至 JSON 字串，使用範例如下：

```
import json

# 字典
dict = {
  "name": "John",
  "age": 30,
  "city": "New York"
}

# 轉換為 JSON 字串
x = json.dumps(dict)
print(x)

Out:
{"name": "John", "age": 30, "city": "New York"}
```

json.dump()

json.dump() 函式可用來將 Python 字典轉換為 JSON 字串，並寫入檔案中。

範例 2-10

❏ 建立字典 dict，將其轉換為 JSON 字串，寫入「d:/openai_book/chap02/json01. json」檔案中。

```python
import json

dict = {}
dict["Name"]="Peter"
dict["Age"]=25
dict["Gender"]="M"

file_name='d:/openai_book/chap02/json01.json'

with open(file_name,'w') as f1:
    json.dump(dict, f1)
```

執行結果

執行後，json01.json 的檔案內容如下：

```
{"Name": "Peter", "Age": 25, "Gender": "M"}
```

 json.load()

json.load() 函式可用來讀取 json 檔案，並將其內容轉換為 Python 字典物件。

範例 2-11

❏ 開啟「d:/openai_book/chap02/json01.json」檔案，讀取檔案內容，將其轉換為字典物件。

```python
import json

file_name="d:/openai_book/chap02/json01.json"

try:
```

```
with open(file_name, 'r') as f2:
    data=json.load(f2)

print(data['Name'])
print(data['Age'])
print(data['Gender'])

except Exception as e:
    print(e)
```

執行結果

```
Out:
Peter
25
M
```

2.9 PyPI 簡介

Python 擁有豐富的標準函式庫，可以在專案中立即使用它們。若我們需要標準庫中沒有的套件，可以在 PyPI 上試著找看看是否有我們想要的套件。PyPI 是最大的 Python 儲存庫，包含了許多由 Python 社群開發和維護的套件。

 pip

pip 是 Python 內建的安裝管理套件工具，它允許我們從 PyPI 或其他 Python 儲存庫來安裝套件。若要使用 pip，可以開啟 cmd 視窗，輸入 pip 指令。pip 的用法如下：

❏ 檢查 pip 版本，指令如下：

```
pip  --version
```

```
Out:
pip 23.2.1 from D:\Python311\Lib\site-packages\pip (python 3.11)
```

❏ install 指令可用來安裝套件，例如：若要安裝 requests 套件，指令如下：

```
pip  install  requests
```

❏ 安裝好 requests 套件後，我們可以使用 requests 套件，程式碼如下：

```
import requests
response = requests.get("https://pypi.org")
print(response.status_code)

out:
200
```

❏ 使用 -upgrade 或 -U 指令，可更新套件至最新版本：

```
pip  install  --upgrade  requests
```

❏ 使用 list 指令，可列出已安裝的套件：

```
pip  list

Out:
Package               Version
------------------    ---------
certifi               2023.7.22
charset-normalizer    3.2.0
idna                  3.4
pip                   23.2.1
...
```

❑ 使用 show 指令，可顯示特定的套件：

```
pip  show  requests

Out:
Name: requests
Version: 2.31.0
...
```

❑ 使用 uninstall 指令，可移除套件：

```
pip  uninstall  requests
```

❑ 在安裝套件時，也可以指定套件版本：

```
pip install pip install requests==2.31.0
```

更新 pip 至最新版本

若要更新 pip 工具至最新版本，指令如下：

```
python -m pip install --upgrade pip
```

2.10 建立虛擬環境

sys.prefix

當我們安裝 Python 時，Python 會將所有的系統套件儲存在特定的資料夾中。若要查看這個特定的資料夾，可以印出 sys.prefix 來查看：

```
import sys
print(sys.prefix)
```

```
Out:
D:\Python311
```

 site.getsitepackage()

當我們使用 pip 安裝第三方套件時，Python 也會將這些套件儲存至特定資料夾中。要查看這個特定資料夾，可以使用 site.getsitepackage() 函式：

```
import site
print(site.getsitepackages())

Out:
['D:\\Python311', 'D:\\Python311\\Lib\\site-packages']
```

 為何需要虛擬環境

由上述說明可知，Python 只會將 pip 安裝的第三方套件儲存至某一個特定資料夾中，若我們有二個專案分別使用不同版本的某個第三方套件，此時將無法將不同版本的某套件儲存至相同的資料夾中，為了解決此問題，我們需要使用虛擬環境。

使用虛擬環境，Python 可以為每個專案建立獨立的環境，此時每個專案將擁有自己的儲存套件的資料夾。

 venv 模組

使用 Python 的 venv 模組，可以用來建立虛擬環境，例如：若我們要在「d:\test_env」資料夾中，為 myproj 專案建立虛擬環境，步驟如下：

STEP/ **01** 開啟 cmd 視窗，建立「d:\test_env」資料夾。

```
mkdir  d:\test_env
cd  test_env
```

STEP/ **02** 為 myproj 專案建立虛擬環境。

```
python  -m  venv  myproj
```

STEP/ **03** 若要啟動虛擬環境，可以進入「myproj/Scripts」資料夾，執行 activate 指令。

```
cd  myproj/Scripts
activate

Out:
(myproj) D:\test_env\myproj\Scripts>
```

STEP/ **04** 以 where python 指令來查看虛擬環境中的 python.exe 檔案位置，執行結果如
下，其中第一行為「D:\test_env\myproj\Scripts\python.exe」，所以在虛擬環
境中，將會以虛擬環境中的 python.exe 來執行指令。

```
(myproj) D:\test_env\myproj\Scripts> cd ..
(myproj) D:\test_env\myproj\> where python

Out:
D:\test_env\myproj\Scripts\python.exe
D:\Python311\python.exe
C:\Users\USER\AppData\Local\Microsoft\WindowsApps\python.exe
```

STEP/ **05** 安裝 requests 模組。

```
(myproj) D:\test_env\myproj> pip  install  requests
```

STEP/ **06** 以 pip list 顯示虛擬環境中的所有套件。可以發現，每個虛擬環境都擁有自己
的儲存套件資料夾。

```
(myproj) D:\test_env\myproj> pip  list

Out:
Package             Version
------------------  ---------
certifi             2023.7.22
charset-normalizer  3.2.0
```

```
idna                3.4
pip                 23.2.1
requests            2.31.0
setuptools          65.5.0
urllib3             2.0.5
```

🤖 建立套件清單

我們可以使用 pip freeze 指令來建立套件清單，例如：我們可以將虛擬環境中的所有套件清單儲存至 requirements.txt 檔案中：

```
(myproj) D:\test_env\myproj>pip freeze > requiremets.txt
```

requirements.txt 的檔案內容如下：

```
certifi==2023.7.22
charset-normalizer==3.2.0
idna==3.4
requests==2.31.0
urllib3==2.0.5
```

此時，我們可以將 requirements.txt 複製至不同的專案虛擬環境中，並可以使用 pip install 指令來安裝 requirements.txt 檔案中的套件清單：

```
pip install -r requirements.txt
```

🤖 離開虛擬環境

要離開虛擬環境，可以執行 deactivate 指令：

```
(myproj) D:\test_env\myproj> deactivate

Out:
D:\test_env\myproj>
```

03

Python物件導向

3.1 類別與物件

　　Python 是物件導向的程式語言，在 Python 中幾乎一切皆為物件，物件可以擁有屬性及方法。舉例來說，car（汽車）是一個物件，car 有重量、顏色等屬性，而像駕駛、剎車等動作，即為方法。

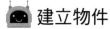 定義類別

　　要定義類別，可以使用 class 關鍵字，後面加上類別名稱，例如：定義一個 Person 類別。

```
class Person:
    pass
```

建立物件

　　要建立 Person 物件，敘述如下：

```
p = Person()
```

定義實例屬性

　　要定義及初始化實例屬性，可以在類別中加入 __init__() 方法。在下列範例中，我們在 Person 類別中定義了二個實例屬性：name 及 age，其中 self 表示 Person 類別的實例。

```
class Person:
    def __init__(self, name, age):
        self.name = name
        self.age = age
```

建立物件並初始化實例屬性

建立 Person 物件，並初始化實例屬性的敘述如下：

```
p = Person('John', 36)
```

當我們在建立 Person 物件時，Python 會自動呼叫 __init__() 方法來初始化實例屬性，其中 self.name 值為 'John'，而 self.age 值為 36。

 ## 存取實例屬性

若要存取實例屬性 name，敘述如下：

```
print(p.name)

Out:
John
```

 ## 加入實例方法

我們可以在類別中加入實例方法，定義實例方法與定義函式相同，但函式的第一個參數須為 self。在下列範例中，我們在 Person 類別中加入 greet() 方法。

```
class Person:
    def __init__(self, name, age):
        self.name = name
        self.age = age

    def greet(self):
        print(f"Hello, My name is {self.name}, My age is {self.age}")
```

 ## 呼叫實例方法

要呼叫 Person 類別的 greet() 方法，範例如下：

```
p = Person("John", 36)
p.greet()

Out:
Hello, My name is John, My age is 36
```

加入 __str__() 方法

若我們在建立 Person 物件後，執行 print() 印出 Person 物件時，它會回傳實例物件的記憶體位址。

```
print(p)

Out:
<__main__.Person object at 0x0000026A242B8B50>
```

若我們希望在執行 print() 印出 Person 物件時，可以回傳一個字串表示形式，則需要實作 Person 類別的 __str__() 方法。在內部，當 Python 呼叫 str() 方法時，將自動呼叫 __str__() 方法，而 print() 函式會使用 str()，將接收的參數自動轉換為字串。

範例 3-1

❑ 定義 Person 類別，加入 __init__() 方法，初始化實例屬性。

❑ 加入 greet() 實例方法。

❑ 加入 __str__() 方法，在執行 print() 印出 Person 物件時，可以回傳一個字串表示形式。

```
class Person:
    def __init__(self, name, age):
        self.name = name
        self.age = age

    def greet(self):
        print(f"Hello, My name is {self.name}, My age is {self.age}")
```

```
    def __str__(self):
        return f"Person({self.name}, {self.age})"

p1 = Person("John", 36)
print(p1.name)
print(p1.age)
p1.greet()
print(p1)
```

執行結果

```
John
36
Hello, My name is John, My age is 36
Person(John, 36)
```

3.2 類別屬性及類別方法

類別屬性

與實例屬性不同，類別屬性由類別的所有物件共享。使用類別屬性的步驟如下：

STEP/ **01** 定義 Person 類別，加入類別屬性 count 來追蹤類別物件的數量。

```
class Person:
    count = 0
```

STEP/ **02** 存取類別屬性 count 的敘述如下：

```
Person.count
```

STEP/ **03** 為了追蹤類別物件的數量，我們可以在 __init__() 方法中累加 count 的值。

```python
class Person:
    count = 0

    def __init__(self, name, age):
        self.name = name
        self.age = age
        Person.count += 1
```

STEP/ **04** 若我們建立了二個物件，此時類別屬性 count 的值將為 2。

```python
p1 = Person("John", 36)
p2 = Person("Mary", 22)
print(f"count= {Person.count}")

Out:
count= 2
```

類別方法

　　Python 類別中有 @classmethod 裝飾器（Decorator）的方法，稱為「類別方法」。與類別屬性一樣，類別方法由該類別的所有物件共享。類別方法的第一個參數是類別本身，按照慣例，它的名字是「cls」，Python 會自動將此參數傳遞給類別方法。

　　使用類別方法的步驟如下：

STEP/ **01** 在 Person 類別中定義類別方法 getCount()，它會回傳類別屬性 count 的值。

```python
class Person:
    count = 0

    def __init__(self, name, age):
        self.name = name
        self.age = age
        Person.count += 1
```

```
    @classmethod
    def getCount(cls):
        return cls.count
```

STEP/ **02** 要呼叫類別方法，敘述如下：

```
total = Person.getCount()
print(f"total={total}")
```

範例 3-2

❑ 在 Person 類別中，定義類別屬性 count 及類別方法 getCount()。

```
class Person:
    count = 0

    def __init__(self, name, age):
        self.name = name
        self.age = age
        Person.count += 1

    @classmethod
    def getCount(cls):
        return cls.count


p1 = Person("John", 36)
p2 = Person("Mary", 22)
print(f"count= {Person.count}")

total = Person.getCount()
print(f"total={total}")
```

執行結果

```
count= 2
total=2
```

3.3 靜態方法

Python 類別中有 @staticmethod 裝飾器的方法，稱為「靜態方法」。靜態方法可以接受任意的參數，它在類別中是一個獨立的方法，通常應用於方法中無須存取實例屬性或方法、單純執行傳入參數進行運算的情況。

要呼叫靜態方法，語法如下：

```
類別名 . 靜態方法名 ()
```

範例 3-3

❏ 定義 TempCovert 類別，類別內有 c_to_f() 及 f_to_c() 兩個靜態方法，分別表示攝氏轉華氏、華氏轉攝氏的方法。

```
class TempCovert:
    @staticmethod
    def c_to_f(c):
        return 9 * c / 5 +32

    @staticmethod
    def f_to_c(f):
        return 5 * (f - 32) / 9


f = TempCovert.c_to_f(30)
print(f"fathrenheit: {f:.2f}")
```

```
c = TempCovert.f_to_c(50)
print(f"celsius: {c:.2f}")
```

執行結果

```
fathrenheit: 86.00
celsius: 10.00
```

3.4 繼承

　　「繼承」允許我們定義一個類別，該類別繼承另一個類別的所有屬性及方法，其中被繼承的類別，稱為「父類」，而從另一個類別繼承的類別，則稱為「子類」。

　　使用繼承的步驟如下：

STEP/ **01**　定義 Student 類別，繼承至 Person 類別。

```
class Student(Person):
    pass
```

STEP/ **02**　在 Student 類別的 __init__() 方法中，呼叫 Person 類別的 __init__() 方法，初始化 name 及 age 屬性。我們可以使用 super() 方法，讓子類別可以存取父類別的方法。

```
class Student(Person):
    def __init__(self, name, age, tel, addr):
        super().__init__(name, age)
```

STEP/ **03**　可以在 Student 類別中，新增了二個實例屬性：tel 及 addr。

```
class Student(Person):
    def __init__(self, name, age, tel, addr):
```

```
        super().__init__(name, age)
        self.tel = tel
        self.addr = addr
```

STEP/ **04** 可以在 Student 類別中，覆寫 Person 類別的 greet() 實例方法。

```
class Student(Person):
    def __init__(self, name, age, tel, addr):
        super().__init__(name, age)
        self.tel = tel
        self.addr = addr

    def greet(self):
        print(f"name: {self.name}")
        print(f"age: {self.age}")
        print(f"tel: {self.tel}")
        print(f"addr: {self.addr}")
```

範例 3-4

❑ 建立 Student 類別，繼承至 Person 類別，新增 tel 及 addr 實例屬性，並覆寫 Person
類別的 greet() 實例方法。

```
class Person:
    def __init__(self, name, age):
        self.name = name
        self.age = age

    def greet(self):
        print(f"Hello, My name is {self.name}, My age is {self.age}")


class Student(Person):
    def __init__(self, name, age, tel, addr):
        super().__init__(name, age)
```

```
        self.tel = tel
        self.addr = addr

    def greet(self):
        print(f"name: {self.name}")
        print(f"age: {self.age}")
        print(f"tel: {self.tel}")
        print(f"addr: {self.addr}")

s1 = Student("John", 36, "12345678", "Taipei")
s1.greet()
```

執行結果

```
name: John
age: 36
tel: 12345678
addr: Taipei
```

3.5　封裝

　　在我們定義類別時，實例屬性及實例方法皆是公開的屬性及方法，我們可以在建立物件後存取這些實例屬性及方法，但有時我們希望可以保護類別中的資料，讓類別的實例屬性及方法只用於類別內部，不想公開於外部，此時可以使用封裝技術，將實例屬性及方法成為私有的屬性及方法。

　　在 Python 中，我們可以在實例屬性及方法前加上兩個底線「＿＿」，讓其成為私有屬性及私有方法。在我們建立物件後，就無法透過物件來存取私有屬性及私有方法。

範例 3-5

❏ 建立 Human 類別，在 Human 類別建立私有屬性 __height 及 __weight。

❏ 定義 BMI() 方法，可計算 bmi 值。

```python
class Human:
    def __init__(self, height, weight):
        self.__height=height
        self.__weight=weight

    def BMI(self):
        return self.__weight/((self.__height/100)**2)

bill=Human(180,88)
#print(bill.__height) # error
#print(bill.__weight) # error
print(f"BMI={bill.BMI():.2f}")

Out:
BMI=27.16
```

3.6 抽象類別

在物件導向程式設計中，抽象類別就像是其他類別的藍圖。抽象類別是無法實例化物件的類別，但可以建立子類別來繼承抽象類別。使用抽象類別的步驟如下：

STEP/ **01** 匯入 abc 模組。abc 模組提供我們定義抽象類別的基礎結構。

```python
from abc import ABC
```

STEP/ **02** 定義抽象類別，繼承至 ABC 類別。

```python
class Employee(ABC):
    pass
```

抽象方法

在抽象類別中定義的方法，稱之為「抽象方法」。抽象方法的上方須加上 @abstractmethod 裝飾器，且不會有實作內容。

```python
from abc import ABC, abstractclassmethod

class Employee(ABC):
    def __init__(self, name):
        self.name = name

    @abstractclassmethod
    def get_salary(self):
        pass
```

3.7 多型

所謂「多型」，指的是多種型式。在物件導向程式設計中，「多型」指的是具有相同名稱的方法，可以在多個類別中定義執行。在範例 3-4 中，Person 類別中有 greet() 方法，而 Student 類別有覆寫 Person 類別的 greet() 方法，即是一種「多型」。

在 Python 中，我們可以定義抽象類別，並定義抽象方法，來作為各子類別的共同介面。繼承至抽象類別的子類別，必須遵守抽象類別定義的共同規則進行實作，來達到各類別擁有一致性的介面。而子類繼承抽象類別，同一個方法可以有多個實作型態，也是一種「多型」的表現。

範例 3-6

❑ 定義 Employee 抽象類別，定義 get_salary() 抽象方法，任何繼承至 Employee 類別的子類別，皆須實作 get_salary() 方法，表示計算薪資的抽象方法。

❑ 定義 FulltimeEmployee 抽象類別，實作 get_salary() 方法，回傳一個固定的薪資。

❑ 定義 HourlyEmployee 抽象類別，實作 get_salary() 方法，薪資為工時 × 時薪。

```python
from abc import ABC, abstractclassmethod

class Employee(ABC):
    def __init__(self, name):
        self.name = name

    @abstractclassmethod
    def get_salary(self):
        pass

class FulltimeEmployee(Employee):
    def __init__(self, name, salary):
        super().__init__(name)
        self.salary = salary

    def get_salary(self):
        return self.salary

class HourlyEmploy(Employee):
    def __init__(self, name, hours, rate):
        super().__init__(name)
        self.hours = hours
        self.rate = rate

    def get_salary(self):
        return self.hours * self.rate

p1 = FulltimeEmployee("John", 30000)
```

```
p2 = HourlyEmploy("Mary", 200, 50)

print(f"{p1.name} salary={p1.get_salary()}")
print(f"{p2.name} salary={p2.get_salary()}")
```

執行結果

```
John salary=30000
Mary salary=10000
```

3.8　迭代器

　　「迭代器」是一個可以迭代的物件。在 Python 中，串列（List）、元組（Tuple）及字典（Dictionary）都是可迭代的物件，我們可以使用 for 迴圈來遍歷迭代物件，例如：在下列範例中，我們使用 for 迴圈來遍歷元組。

```
tuple01 = ("apple", "banana", "cherry")

for x in tuple01:
  print(x)

Out:
apple
banana
cherry
```

iter() 與 next()

　　除了可以使用 for 迴圈來遍歷迭代物件外，也可以使用 iter() 方法及 next() 方法來遍歷迭代器。

❑ iter()：取得迭代器。

❑ next()：回傳迭代器下一個項目。

範例 3-7

❑ 定義元組，使用 iter() 及 next() 方法來遍歷元組元素。

```
tuple01 = ("apple", "banana", "cherry")

it01 = iter(tuple01)
print(next(it01))
print(next(it01))
print(next(it01))
```

執行結果

```
apple
banana
cherry
```

建立迭代器

我們可以定義類別來實現迭代器。實作步驟如下：

STEP/ **01** 定義類別，加入 __init__() 方法。

```
class Square:
    def __init__(self, maxLen):
        self.maxLen=maxLen
```

STEP/ **02** 實作 __iter__() 方法，可進行一些實例屬性的初始化工作，最後須回傳類別實例。

```
class Square:
    def __init__(self, maxLen):
        self.maxLen=maxLen
```

```
    def __iter__(self):
        self.num = 0
        return self
```

STEP/ **03** 實作 __next__()，可進行一些運算，最後須回傳序列中的下一個項目。如果所有項目均已回傳，可以使用 StopIteration 敘述來引發例外，停止迭代。

```
class Square:
    def __init__(self, maxLen):
        self.maxLen=maxLen

    def __iter__(self):
        self.num = 0
        return self

    def __next__(self):
        if self.num >= self.maxLen:
            raise StopIteration
        self.num += 1
        return self.num ** 2
```

範例 3-8

❑ 建立迭代器 Square，可指定迭代器的長度，並回傳下一個項目的平方值。

```
class Square:
    def __init__(self, maxLen):
        self.maxLen=maxLen

    def __iter__(self):
        self.num = 0
        return self

    def __next__(self):
        if self.num >= self.maxLen:
```

```
            raise StopIteration

        self.num += 1
        return self.num ** 2

square = Square(6)

for sq in square:
    print(sq)
```

執行結果

```
1
4
9
16
25
36
```

3.9 生成器

　　一般的函式在執行時，會從上而下依序執行函式中的程式碼，並回傳執行的結果。一般函式在執行過程中，中間無法暫停。

　　生成器也是一種函式，可以使用 yield 敘述暫停函式的執行，回傳目前的執行結果，然後再從暫停處恢復函式的執行。

生成器函式

　　當一個函式至少包含一個 yield 敘述時，此函式即為「生成器函式」（generator function）。若我們呼叫生成器函式，它會回傳一個新的生成器物件，但不會執行函式。生成器也是一種迭代器，要執行生成器函式，可以呼叫 next() 方法。

範例 3-9

❑ 定義生成函式 greeting()，內有三個 yield 敘述。

❑ 呼叫 greeting() 函式，使用 next() 方法迭代生成器。

```python
def greeting():
    print('Hello')
    yield 1
    print('World')
    yield 2
    print('How are you')
    yield 3


mess = greeting()   # 建立生成器物件

# 呼叫 greeting() 函式，印出 Hello，
# 遇到第一個 yield 敘述暫停，回傳結果 1。
result = next(mess)
print(f"mess_1 : {result}")

# 呼叫 greeting() 函式，印出 World，
# 遇到第二個 yield 敘述暫停，回傳結果 2。
result = next(mess)
print(f"mess_2 : {result}")

# 呼叫 greeting() 函式，印出 How are your，
# 遇到第三個 yield 敘述暫停，回傳結果 3。
result = next(mess)
print(f"mess_3 : {result}")
```

執行結果

```
Hello
mess_1 : 1
World
mess_2 : 2
```

```
How are you
mess_3 : 3
```

範例 3-10

❏ 建立生成器函式 Square(length)，以 for in range 建立 0 至 length-1 的數值串列，並
回傳串列元素的平方值。

❏ 建立生成器物件，由於生成器物件也是一種迭代器，所以可以使用 for loop，遍
歷迭代器的元素。

```
def squares(length):
    for num in range(length):
        yield num ** 2

square = squares(6)

for s in square:
    print(s)
```

執行結果

```
0
1
4
9
16
25
```

04

多執行緒

4.1 本章提要

「程序」是程式在電腦中執行時的實例，若我們在電腦中執行一個 Python 程式，即會建立一個程序。「執行緒」是程序執行的基本單位，每個程序皆有一個執行緒，稱爲「主執行緒」。

一個程序可以有多個執行緒，讓這些執行緒同時執行且共享相同的記憶體。若一個程式有多個執行緒，則稱爲「多執行緒」（multithreading）。

I/O-bound 任務

所謂「I/O-bound 任務」，是指 CPU 會花較多時間處理 I/O。例如：處理網路請求、資料庫連接、檔案讀寫等任務，若遇到此種任務，我們可以撰寫多執行緒程式來提高程式執行的效率。

4.2 建立及執行執行緒

threading 模組

Python 提供了 threading 模組，可讓我們撰寫多執行緒程式。使用 threading 模組的步驟如下：

STEP/ **01** 匯入 threading 模組的 Thread 模組。

```
from threading import Thread
```

STEP/ **02** 建立執行緒，語法如下：

```
new_thread = Thread(target=fn,args=args_tuple, name=None)
```

説明

❑ target：new_thread 要執行的 fn 函式。

❑ args：fn 函式的引數，類型為 tuple。

❑ name：執行緒名稱。

STEP/ **03** 建立執行緒後，可以使用 start() 方法來啟動執行緒。

```
new_thread.start()
```

STEP/ **04** 若要等待執行緒完成工作，可以呼叫 join() 方法。

```
new_thread.join()
```

範例 4-1

❑ 定義 print_hello() 函式，會暫停 2 秒後，印出執行緒名稱及 Hello 訊息。

❑ 定義 print_message(msg) 函式，會暫停 1 秒後，印出執行緒名稱及 msg 訊息。

❑ 建立二個執行緒執行 print_hello() 函式，再建立一個執行緒執行 print_message() 函式，啟動三個執行緒，並等待執行緒結束執行。

❑ 使用 time.perf_counter() 計算程式執行時間。

```python
from threading import current_thread, Thread as Thread
from time import sleep, perf_counter

def print_hello():
    sleep(2)
    print(f"{current_thread().name}: Hello")

def print_message(msg):
    sleep(1)
    print(f"{current_thread().name}: {msg}")

start = perf_counter()
```

```
# create threads
t1=Thread(target=print_hello, name="Th01")
t2=Thread(target=print_hello, name="Th02")
t3=Thread(target=print_message, args=("Good morning",), name="Th03")

# start the threads
t1.start()
t2.start()
t3.start()

# wait till all are done
t1.join()
t2.join()
t3.join()

elapsed = perf_counter() - start
print(f"elapsed: {elapsed:.2f} sec")
```

說明

❑ time.perf_counter()：回傳性能計數器的值，單位為秒，類型為浮點數。此函式
會回傳具有最高解析度的時鐘，可用來量測較短的持續時間。

執行結果

執行結果如下，執行三個執行緒的時間為 2 秒。

```
Th03: Good morning
Th01: Hello
Th02: Hello
elapsed: 2.00 sec
```

4.3 守護執行緒

　　有時我們需要在背景中執行一些執行緒，它們執行時不會阻止主執行緒的終止，這些執行緒稱為「守護執行緒」（daemon thread）。守護執行緒的特點是主執行緒執行時，守護執行緒就執行；主執行緒離開時，守護執行緒就終止。

建立守護執行緒

　　有二種方法可以用來建立守護執行緒：

❏ 在執行緒建構函式中，傳入 daemon=True 屬性。

```
t = Thread(target=f, deamon=True)
```

❏ 在執行緒實例中，設定 thread.daemon=True 屬性。

```
t = Thread(target=f)
t.deamon = True
```

範例 4-2

❏ 定義 daemon_func() 函式，會暫停 3 秒後，印出執行緒名稱及訊息。

❏ 定義 func() 函式，會暫停 1 秒後，印出執行緒名稱及訊息。

❏ 建立及啟動二個執行緒，其中一個為守護執行緒，會執行 daemon_func() 函式，另一個為一般執行緒，會執 func() 函式。

```
from threading import current_thread, Thread as Thread
from time import sleep


def daemon_func():
    sleep(3)
    print(f"{current_thread().name}: Hello from daemon")
```

```
def func():
    sleep(1)
    print(f"{current_thread().name}: Hello from non-daemon")

# 建立守護執行緒
t1=Thread(target=daemon_func, name="Daemon Thread", daemon=True)

# 建立一般執行緒
t2=Thread(target=func, name="Non-Daemon Thread")

t1.start()
t2.start()
print("Exiting the main program")
```

執行結果

由於沒有 join() 方法，所以執行後，主執行緒先結束；1 秒後，一般執行緒結束；一般執行緒結束後，守護執行緒即結束。由於 daemon_func() 函式中的 sleep 時間還未到，所以沒有印出 "Hello from daemon" 訊息。

```
Exiting the main program
(1 秒後)
Non-Daemon Thread: Hello from non-daemon
```

若我們在 func() 函式中，將 sleep() 時間變更為 5 秒，即可看到守護執行緒的執行結果：

```
def func():
    sleep(5)
    print(f"{current_thread().name}: Hello from non-daemon")
```

執行結果

```
Exiting the main program
(3 秒後)
```

```
Daemon Thread: Hello from daemon
(2秒後)
Non-Daemon Thread: Hello from non-daemon
```

4.4 建立執行緒類別

我們可以繼承 Thread 類別，自定義執行緒。自定義執行緒的步驟如下：

STEP/ **01** 定義執行緒類別，繼承自 threading.Thread 類別，例如：我們自定義一個名為 HttpRequestThread 類別。

```
class HttpRequestThread(Thread):
    pass
```

STEP/ **02** 重寫 init 方法。在 init 方法中，需呼叫父類的 init 方法。

```
class HttpRequestThread(Thread):
    def __init__(self, url):
        super().__init__()
        self.url = url
```

STEP/ **03** 重寫 run 方法，自定義執行緒的行為。

```
class HttpRequestThread(Thread):
    def __init__(self, url):
        super().__init__()
        self.url = url

    def run(self):
        pass
```

❑ 定義 HttpRequestThread 類別，繼承自 Thread 類別。

❑ 定義 run() 方法，會以 GET 方式請求 Pokemon API。

❑ 定義 main() 函式，以串列表達式，建立、啟動及等待三個執行緒的執行，並計算程式執行時間。

```python
import requests
from threading import Thread

class HttpRequestThread(Thread):
    def __init__(self, url):
        super().__init__()
        self.url = url

    def run(self):
        print(f'Checking {self.url} ...')
        try:
            resp = requests.get(self.url)
            pokemon = resp.json()
            print(pokemon["name"])
        except Exception as e:
            print(e)

def main():
    start = perf_counter()

    urls = [
        'https://pokeapi.co/api/v2/pokemon/10',
        'https://pokeapi.co/api/v2/pokemon/20',
        'https://pokeapi.co/api/v2/pokemon/30'
    ]

    threads = [HttpRequestThread(url) for url in urls]
```

```
    [t.start() for t in threads]

    [t.join() for t in threads]

    elapsed = perf_counter() - start
    print(f"elapsed: {elapsed:.2f} sec")

main()
```

執行結果

```
Checking https://pokeapi.co/api/v2/pokemon/10 ...
Checking https://pokeapi.co/api/v2/pokemon/20 ...
Checking https://pokeapi.co/api/v2/pokemon/30 ...
nidorina
caterpie
raticate
elapsed: 1.08 sec
```

4.5 執行緒池

「執行緒池」（Thread Pool）是一種在程式中實現平行執行的模式。執行緒允許我們有效率地自動管理池中的執行緒，每一個在池中的執行緒稱為「worker 執行緒」，或簡稱為「worker」。執行緒池允許我們配置 worker 執行緒的數量，並為每個 worker 執行緒提供特定的命名約定。

建立執行緒池

要建立執行緒池，我們要使用 Python 的 ThreadPoolExecutor 類別，此類別繼承至 Executor 類別，有三個方法來控制執行緒池：

❑ submit()：呼叫一個要執行的函式，並回傳 Future 物件。此方法接受一個函式，並以非同步方式執行此函式。

❑ map()：爲迭代中的每一個成員非同步執行函式。

❑ shutdown()：關閉 executor。

當我們建立一個 ThreadPoolExecutor 實例後，Python 即會啓動 Executor，並會回傳 Future 物件。Future 物件表示非同步操作的最終結果，Future 類別有二個有用的方法：

❑ result()：回傳非同步操作的結果。

❑ exception()：若發生例外，則回傳非同步操作的例外。

範例 4-4

❑ 定義 task(id) 函式，會暫停 1 秒後回傳訊息。

❑ 建立執行緒池，使用 Executor 類別的 submit() 方法，建立二個執行緒，每個執行緒會執行 task() 函式，但傳入不同的 id 參數，並印出 task() 函式的回傳訊息。

❑ 計算程式執行時間。

```python
from time import sleep, perf_counter
from concurrent.futures import ThreadPoolExecutor

def task(id):
    print(f"Starting the task {id} ...")
    sleep(1)
    return f"Done with task {id}"


start = perf_counter()

with ThreadPoolExecutor() as executor:
    f1 = executor.submit(task, 1)
    f2 = executor.submit(task, 2)
    print(f1.result())
    print(f2.result())
```

```
elapsed = perf_counter() - start
print(f"elapsed: {elapsed:.2f} sec")
```

執行結果

```
Starting the task 1 ...
Starting the task 2 ...
Done with task 1
Done with task 2
elapsed: 1.01 sec
```

範例 4-5

❏ 定義 task(id) 函式，會暫停 1 秒後回傳訊息。

❏ 建立執行緒池，使用 Executor 類別的 map() 方法，建立二個執行緒，每個執行緒
會執行 task() 函式，但傳入不同的 id 參數，並印出 task() 函式的回傳訊息。

❏ 計算程式執行時間。

```
from time import sleep, perf_counter
from concurrent.futures import ThreadPoolExecutor

def task(id):
    print(f"Starting the task {id} ...")
    sleep(1)
    return f"Done with task {id}"

start = perf_counter()

with ThreadPoolExecutor() as executor:
    results = executor.map(task, [1,2])
    for r in results:
        print(r)
```

```
elapsed = perf_counter() - start
print(f"elapsed: {elapsed:.2f} sec")
```

執行結果

```
Starting the task 1 ...
Starting the task 2 ...
Done with task 1
Done with task 2
elapsed: 1.00 sec
```

4.6 使用 Lock 同步執行緒

「同步執行緒」是一種機制，可確保二個或多個執行緒不會同時執行程式的共享資料區塊。要實現同步執行緒，可以使用 threading 模組的 Lock 類別。使用 Lock 類別的步驟如下：

STEP/ **01** 建立 Lock 類別，語法如下：

```
lock = Lock()
```

STEP/ **02** 使用 acquire() 方法，讓 lock 進入鎖定狀態，此時即可存取共享資料區塊。

```
lock.acquire()
```

STEP/ **03** 若要解放 lock，使用 release() 方法。

```
lock.release()
```

範例 4-6

❑ 定義 get_pokemon() 函式，會使用 Lock 類別，將共享資料 x 加 1，並以 GET 方法
  請求 Pokemon API。

❑ 建立三個執行緒，會執行 get_pokemon() 函式，並傳入不同的 url。啟動及等待三
  個執行緒的執行，並印出程式執行時間。

```python
from threading import Lock, Thread as Thread
import requests
from time import perf_counter, sleep

def get_pokemon(lock, url):
    global x
    try:
        lock.acquire()
        local_x = x
        local_x += 1
        sleep(0.1)
        x = local_x
        lock.release()
        resp = requests.get(url)
        pokemon = resp.json()
        print(pokemon["name"])
    except Exception as e:
        print(e)

x=0
mylock=Lock()

urls = [
    'https://pokeapi.co/api/v2/pokemon/10',
    'https://pokeapi.co/api/v2/pokemon/20',
    'https://pokeapi.co/api/v2/pokemon/30'
]
```

```
start = perf_counter()

t1=Thread(target=get_pokemon, args=(mylock,urls[0]))
t2=Thread(target=get_pokemon, args=(mylock,urls[1]))
t3=Thread(target=get_pokemon, args=(mylock,urls[2]))

t1.start()
t2.start()
t3.start()

t1.join()
t2.join()
t3.join()

elapsed = perf_counter() - start
print(f"elapsed: {elapsed:.2f} sec")

print(f"final value of x: {x}")
```

執行結果

```
caterpie
raticate
nidorina
elapsed: 1.25 sec
final value of x: 3
```

❑ 若修改 get_pokemon() 函式，註解有關 Lock 類別的方法，則重新執行程式後，會
出現共享資源競爭的情況。

```
def get_pokemon(lock, url):
    global x
    try:
        #lock.acquire()
        local_x = x
        local_x += 1
```

```
        sleep(0.1)
        x = local_x
        #lock.release()
        resp = requests.get(url)
        pokemon = resp.json()
        print(pokemon["name"])
    except Exception as e:
        print(e)
```

執行結果

執行三個執行緒，但共享資源最後的值爲 1，出現共享資源競爭的情況。

```
caterpie
raticate
nidorina
elapsed: 1.13 sec
final value of x: 1
```

之所以會出現共享資源競爭的情況，是因爲我們在程式中特意將共享資源 x 給 local_x 變數，local_x 加 1，暫停 0.1 秒後，再將 local_x 指定給共享資源 x。sleep(0.1) 是用來模擬對共享資源進行耗時運算的時間；由於有 sleep(0.1) 的存在，所以會出現共享資源競爭的情況。

4.7 使用 queue 交換資料

Python 的 queue 模組實現了多生產者及多消費者的佇列，若我們需要在多執行緒間交換資料，我們經常會用 queue 來進行資料的交換。queue 有三種類型：

❑ queue.Queue(maxsize=0)：FIFO 任務，先進先出。其 maxsize 可用來指定可放置項目的上限，若 maxsize=0，表示 queue 的大小沒有限制。

❑ queue.LifoQueue(maxsize=0)：LIFO 任務，後進先出。

❑ queue.PriorityQueue(maxsize=0)：進入項目會先排序，最低值的項目先出。

常用的 queue 方法說明如下：

❑ qsize()：回傳 queue 的大小。

❑ put(item, block=True, timeout=None)：將項目 item 放入 queue，預設會進行阻塞，直到有空間可以使用。若有設定 timeout 參數，則最多阻塞 timeout 秒，timeout 時間到；若仍沒有空間可以使用，則會引發 Full 例外。

❑ put_nowait(item)：等同於 put(item, block=Fasle)。

❑ get(block=True, timeout=None)：從 queue 取出項目，預設會進行阻塞，直到有可用的項目。若有設定 timeout 參數，則最多會阻塞 timeout 秒；若仍沒有項目可取出，則會引發 Empty 例外。

❑ get_nowait()：等同於 get(block=False)。

❑ empty()：測試 queue 是否為空，若為空，回傳 True。

❑ full()：測試 queue 是否為滿，若為滿，回傳 True。

❑ task_done()：在完成一項工作後，此函式向工作已完成的 queue 發送一個訊號。

❑ join()：等待 queue 為空，再繼續執行。

範例 4-7

❑ 建立 Queue 實例，放入三個項目至 Queue，測試 Queue 是否為空，從 Queue 取出三個項目，再測試 Queue 是否為空。

```
import queue

q = queue.Queue()

q.put(1)
q.put(2)
q.put(3)

print(q.empty())       # False
print(q.get())         # 1
```

```
print(q.get())          # 2
print(q.get())          # 3
print(q.empty())        # True
```

在不同執行緒間交換資料

當必須在不同執行緒之間安全地交換訊息時，queue 在多執行緒應用程式中非常有用。queue 自帶所有必需的鎖定機制，所以在存取共享資料時，無須使用額外的 Lock 語法。

範例 4-8

❏ 定義 MyWorker 類別，繼承至 Thread 類別。

❏ 定義 __init__() 方法，傳入 name 及 q 參數，其中 q 參數是 Queue 實例。

❏ 定義 run() 方法，進入無窮迴圈，取出 Queue 項目，暫停 1 秒，印出訊息，再執行 task_done()，表示 Queue 的一個任務已完成。

❏ 在主程式中，建立 Queue 實例，放入十個項目，建立五個 MyWorker 執行緒，將其設為守護執行緒，使其在主程式結束執行時，結束守護執行緒的執行。

❏ 等待 Queue 為空時，結束主程式的執行。

```
from queue import Queue
from threading import Thread as Thread
import threading
from time import sleep


# 自定義執行緒
class MyWorker(Thread):
    def __init__(self, name, q):
        super().__init__()
        self.name=name
        self.queue=q


    def run(self):
```

```
        while True:
            item=self.queue.get()  # 取得 queue 項目
            sleep(1)
            try:
                print(f"{self.name}: {item} ")
            finally:
                self.queue.task_done()


myqueue=Queue()  # FIFO

for i in range(10):
    myqueue.put(f"Task {i+1}")

# 建立五個執行緒
for i in range(5):
    worker=MyWorker(f"Th {i+1}",myqueue)
    worker.daemon=True
    worker.start()


myqueue.join()
```

執行結果

　　由於 Queue 中有十個項目，所以五個守護執行緒會各取出二個 Queue 項目。當 Queue 為空時，結束主程式的執行，並結束守護執行緒的執行。

```
(等1秒)
Th 5: Task 5
Th 3: Task 3
Th 1: Task 1
Th 4: Task 4
Th 2: Task 2
(等1秒)
Th 2: Task 10
Th 1: Task 8
Th 5: Task 6
```

```
Th 3: Task 7
Th 4: Task 9
```

範例 4-9

❑ 定義 Producer 執行緒類別，定義 run() 方法，會每 1 秒將 count 值放入 Queue 中，並將 count 值加 1，當 Queue 為滿時，結束執行。

❑ 定義 Consumer 執行緒類別，定義 run() 方法，會每 2 秒取出 Queue 項目，若 Queue 為空時，則結束執行。

❑ 在主程式中定義 Queue 實例，大小為 5。建立及啟動 Producer 執行緒及 Consumer 執行緒。

```python
import queue
import time
import threading

q = queue.Queue(5)

class Producer(threading.Thread):
    def __init__(self, thread_name):
        super().__init__()
        self.name=thread_name
        self.count=1

    def run(self):
        while True:
            if q.full():
                print('queue is full')
                break
            else:
                msg = str(self.count)
                q.put(msg)
                print(self.name + ' put ' + msg + ', qsize: ' + str(q.qsize()))
                self.count=self.count+1
```

```
            time.sleep(1)

class Consumer(threading.Thread):
    def __init__(self, thread_name):
        super().__init__()
        self.name=thread_name


    def run(self):
        while True:
            if q.empty():
                print('queue is empty')
                break
            else:
                msg=q.get()
                print(self.name + ' get ' + msg + ', qsize: ' + str(q.qsize()))
            time.sleep(2)

p = Producer('producer')
p.start()

c = Consumer('consumer')
c.start()

p.join()
c.join()
```

執行結果

　　當 Queue 為滿時，結束 Producer 執行緒的執行；當 Queue 為空時，結束 Consumer 執行緒的執行。

```
producer put 1, qsize: 1
consumer get 1, qsize: 0
producer put 2, qsize: 1
consumer get 2, qsize: 0
producer put 3, qsize: 1
producer put 4, qsize: 2
```

```
consumer get 3, qsize: 1
producer put 5, qsize: 2
producer put 6, qsize: 3
consumer get 4, qsize: 2
producer put 7, qsize: 3
producer put 8, qsize: 4
consumer get 5, qsize: 3
producer put 9, qsize: 4
producer put 10, qsize: 5
consumer get 6, qsize: 4
producer put 11, qsize: 5
queue is full
consumer get 7, qsize: 4
consumer get 8, qsize: 3
consumer get 9, qsize: 2
consumer get 10, qsize: 1
consumer get 11, qsize: 0
queue is empty
```

M • E • M • O

05

多程序

5.1 本章提要

　　「程序」是程式在電腦中執行時的實例，若同一個程式被執行多次，則會建立多個程序，例如：我們多次執行瀏覽器程式，即會建立多個瀏覽器程序，同時開啟多個瀏覽器視窗；若一個程式有多個程序，則稱之爲「多程序」（multiprocessing）。

🤖 多核處理器

　　CPU 的核心數會決定 CPU 同時可以執行的程序數，越多的核心數，CPU 可以同時執行更多的程序，例如：一個具有四核的 CPU，同時可以執行四個程序。在 Window 10 作業系統中，若我們要查看 CPU 的核心數，步驟如下：

STEP/ **01** 按下 Ctrl + Shift + Esc 鍵，開啟工作管理員。

STEP/ **02** 選取「效能」索引標籤，即可查看我們電腦的 CPU 核心數，如圖 5-1 所示。

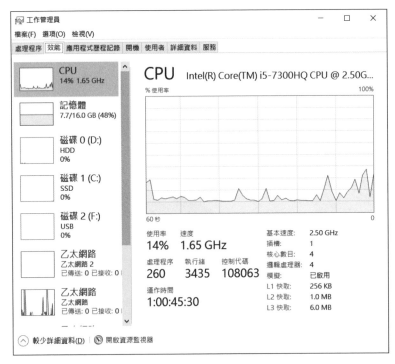

圖 5-1

 CPU-bound 任務

所謂「CPU-bound 任務」，是指程式需要花較多時間來處理 CPU 計算，如進行矩陣運算、求質數運算、影像壓縮等任務。若我們想處理 CPU-bound 任務，則可以設計多程序程式來增進我們的程式效能。

Multiprocessing 套件

針對多程序程式設計，Python 提供了 multiprocessing 套件，此套件包含二種實現多程序的方法：

❑ 使用 Process 物件。

❑ 使用 Pool 物件。

5.2 執行耗時計算任務

在本節中，我們先以一般 Python 程式來處理二個計算任務，並計算耗時時間。

範例 5-1

❑ 定義 task1() 函式，會進行 100,000,000 次將 result 變數加 1 的運算，並回傳運算結果。

❑ 定義 task2() 函式，會進行 100,000,000 次將 result 變數加 2 的運算，並回傳運算結果。

❑ 呼叫 task1() 及 task2() 函式，將二個函式的運算結果相加，並計算程式執行時間。

```python
from time import perf_counter


def task1():
    result = 0
    for i in range(10**8):
```

```
        result += 1
    return result

def task2():
    result = 0
    for i in range(10**8):
        result += 2
    return result


start = perf_counter()

result1=task1()
result2=task2()
result3=result1 + result2
print(f"result3= {result3}")


elapsed = perf_counter() - start
print(f"elapsed: {elapsed:.2f} sec")
```

執行結果

以筆者的電腦為例，執行時間為 9.29 秒。

```
result3= 300000000
elapsed: 9.29 sec
```

5.3 使用 Process 物件執行耗時計算

Process 物件

使用 multiprocessing 套件，可讓我們建立 Process 物件來產生程序。Process 物件提供了與 Thread 物件相同的 API，例如：我們可以使用 start() 方法來啟動程序，而若要等待程序完成工作，可以呼叫 join() 方法。

範例 5-2

❑ 定義 task1() 函式，會進行 100,000,000 次將 result 變數加 1 的運算。

❑ 定義 task2() 函式，會進行 100,000,000 次將 result 變數加 2 的運算。

❑ 使用 Process 物件建立二個程序，分別呼叫 task1() 函式及 task2() 函式，並計算程式執行時間。

```python
from time import perf_counter
import multiprocessing

def task1():
    result = 0
    for i in range(10**8):
        result += 1

def task2():
    result = 0
    for i in range(10**8):
        result += 2

if __name__ == '__main__':
    start = perf_counter()

    p1=multiprocessing.Process(target=task1)
    p2=multiprocessing.Process(target=task2)

    p1.start()
    p2.start()

    p1.join()
    p2.join()

    elapsed = perf_counter() - start
    print(f"elapsed: {elapsed:.2f} sec")
```

執行結果

共耗時 4.7 秒，若與範例 5-1 比較，使用多程序程式設計提高了我們的執行效能。

```
elapsed: 4.70 sec
```

5.4 使用 Queue 交換資料

在範例 5-2 中，我們無法以範例 5-1 的方式，來直接取得 task1() 及 task2() 回傳的結果進行運算，若要取得 task1() 及 task2() 函式的計算結果，則可以使用 multiprocessing 模組提供的 Queue 類別來進行資料的交換。

範例 5-3

❑ 定義 task1() 函式，會進行 100,000,000 次將 result 變數加 1 的運算，並將運算結果放入 Queue 中。

❑ 定義 task2() 函式，會進行 100,000,000 次將 result 變數加 2 的運算，並將運算結果放入 Queue 中。

❑ 在主程式中建立 Queue 實例，並使用 Process 物件建立二個程序，分別呼叫 task1() 函式及 task2() 函式。

❑ 二個程序執行完畢後，取出 Queue 的二個項目進行相加，並計算程式執行時間。

```python
from time import perf_counter
import multiprocessing

def task1(queue):
    result = 0
    for i in range(10**8):
        result += 1
    queue.put(result)
```

```python
def task2(queue):
    result = 0
    for i in range(10**8):
        result += 2
    queue.put(result)

if __name__ == '__main__':
    queue=multiprocessing.Queue()

    start = perf_counter()

    p1=multiprocessing.Process(target=task1, args=(queue,))
    p2=multiprocessing.Process(target=task2, args=(queue,))

    p1.start()
    p2.start()

    p1.join()
    p2.join()

    result=queue.get()+queue.get()
    print(f"result= {result}")

    elapsed = perf_counter() - start
    print(f"elapsed: {elapsed:.2f} sec")
```

執行結果

```
result= 300000000
elapsed: 4.77 sec
```

5.5 使用 Process 物件建立圖像縮圖

進行影像處理，如改變影像的大小，也是一件 CPU-bound 的任務。在本節中，我們將使用 Process 物件來變更多張圖像的大小，以建立多張圖像的縮圖。

在執行範例 5-4 之前，有一些先前準備的步驟：

STEP/ **01** 準備多張圖像，我們準備了六張 640×430 的圖像，並將這六張圖像儲存在「d:/openai_book/chap05/images」資料夾中，如圖 5-2 所示。

img01.jpg　　img02.jpg　　img03.jpg　　img04.jpg　　img05.jpg　　img06.jpg

圖 5-2

STEP/ **02** 安裝 pillow 套件，此套件將用來改變圖像的大小。

```
pip install pillow
```

STEP/ **03** 建立「d:/openai_book/chap05/thumbs」資料夾，用來儲存圖像的縮圖。

範例 5-4

❏ 建立 create_thumbnail() 函式，開啟圖像檔案，使用高斯模糊濾鏡來降低圖像的雜訊，並讓圖像柔和一點，接著調整圖像大小建立縮圖，預設縮圖大小為 (50, 50)，並將縮圖儲存在 thumbs 資料夾中。

❏ 建立六個程序，分別呼叫 create_thumbnail() 函式來為六張圖像建立縮圖，並計算運作時間。

```
import time
import os
from PIL import Image, ImageFilter
```

```
import multiprocessing

filenames = [
    'd:/openai_book/chap05/images/img01.jpg',
    'd:/openai_book/chap05/images/img02.jpg',
    'd:/openai_book/chap05/images/img03.jpg',
    'd:/openai_book/chap05/images/img04.jpg',
    'd:/openai_book/chap05/images/img05.jpg',
    'd:/openai_book/chap05/images/img06.jpg'
]

def create_thumbnail(filename, size=(50,50), thumb_dir='d:/openai_book/chap05/
thumbs'):
    img = Image.open(filename)  # 開啟圖檔
    img=img.filter(ImageFilter.GaussianBlur)  # 應用高斯模糊
    img.thumbnail(size)  # 調整圖像大小
    img.save(f"{thumb_dir}/{os.path.basename(filename)}")  # 儲存縮圖
    print(f"{filename} was processed")

if __name__ == '__main__':
    start = time.perf_counter()
    processes=[]
    for f in filenames:
        p = multiprocessing.Process(target=create_thumbnail, args=(f,))
        processes.append(p)

    for p in processes:
        p.start()

    for p in processes:
        p.join()

    elapsed = time.perf_counter() - start
    print(f"elapsed: {elapsed:.2f} sec")
```

執行結果

建立六張圖像的縮圖，程式運作時間為 0.37 秒。

```
d:/openai_book/chap05/images/img01.jpg was processed
d:/openai_book/chap05/images/img03.jpg was processed
d:/openai_book/chap05/images/img05.jpg was processed
d:/openai_book/chap05/images/img02.jpg was processed
d:/openai_book/chap05/images/img06.jpg was processed
d:/openai_book/chap05/images/img04.jpg was processed
elapsed: 0.37 sec
```

5.6　使用 Pool 物件建立圖像縮圖

除了可以使用 multiprocessing 模組的 Process 物件來建立多程序程式之外，multiprocessing 模組也提供了 Pool 物件，可用來建立多程序程式。

Pool 物件提供了建立程序的 map() 方法，為每個程序指定函式，並分派程序的輸入參數，map() 方法會等待所有函式完成執行，所以在程式中不需使用 join() 方法。建立 Pool 物件時，也可以指定 Pool 的大小，若指定 pool 大小為 3，表示最多可以有三個程序同時執行。

使用 Pool 物件與 Process 物件的比較，如表 5-1 所示。

表 5-1　使用 Pool 物件與 Process 物件的比較

使用 Pool 物件	使用 Process 物件
只有啟動的程序會存在記憶體中。	所有建立的程序皆會存記憶體中。
適用於大型資料集及具重複的任務。	適用於小型資料集。
遇到 I/O 操作時，程序會阻塞。	遇到 I/O 操作時，程序不會阻塞。

範例 5-5

❏ 定義 task(x) 函式，會進行 100,000,000 次將 result 變數加 x 的運算，並回傳運算結果。

❏ 建立 Pool 物件，大小為 3。使用 Pool 物件執行三個程序，個別呼叫 task(x) 函式，分別傳入 x=1，x=2，及 x=3，並印出 task() 函式的運算結果。

❏ 計算程式執行時間。

```python
from multiprocessing import Pool
from time import perf_counter


def task(x):
    result = 0
    for i in range(10**8):
        result += x
    return result

if __name__ == '__main__':
    start = perf_counter()

    with Pool(3) as p:
        print(p.map(task, [1,2,3]))

    elapsed = perf_counter() - start
    print(f"elapsed: {elapsed:.2f} sec")
```

執行結果

可分別印出三個程序的執行結果，程式執行時間為 5.32 秒。

```
[100000000, 200000000, 300000000]
elapsed: 5.32 sec
```

由範例 5-3 可知，使用 Pool 物件可直接取得程序的執行結果。而在範例 5-2 中，若我們使用 Process 物件，則須使用 Queue 才能取得程序的運算結果。

5.7 程序池

　　就如同「執行緒池」（Thread Pool），「程序池」（Process pool）也是一種在程式中實現平行運算的模式，程序池允許我們有效率地自動管理池中的程序，並允許我們配置程序的數量。

　　要建立程序池，我們要使用 Python 的 ProcessPoolExecutor 類別，此類別繼承自 Executor 類別，有三個方法可控制程序池：

❏ submit()：呼叫一個要執行的函式，並回傳 Future 物件。此方法接受一個函式，並以非同步方式執行此函式。

❏ map()：為迭代中的每一個成員非同步執行函式。

❏ shutdown()：關閉 executor。

　　當我們建立一個 ProcessPoolExecutor 實例後，Python 即會啟動 Executor，並會回傳 Future 物件。Future 物件表示非同步操作的最終結果，Future 類別有二個有用的方法：

❏ result()：回傳非同步操作的結果。

❏ exception()：若發生例外，則回傳非同步操作的例外。

範例 5-6

❏ 修改範例 5-4，使用程序池的 map() 方法呼叫 create_thumbnail() 函式，並以迭代方式將六個圖檔傳入 create_thumbnail() 函式中，以建立六張圖像的縮圖。

❏ 計算程式執行時間。

```
import time
import os
from PIL import Image, ImageFilter

from concurrent.futures import ProcessPoolExecutor
```

```
filenames = [
    'd:/openai_book/chap05/images/img01.jpg',
    'd:/openai_book/chap05/images/img02.jpg',
    'd:/openai_book/chap05/images/img03.jpg',
    'd:/openai_book/chap05/images/img04.jpg',
    'd:/openai_book/chap05/images/img05.jpg',
    'd:/openai_book/chap05/images/img06.jpg'
]

def create_thumbnail(filename, size=(50,50), thumb_dir='d:/openai_book/chap05/
thumbs'):
    img = Image.open(filename)
    img=img.filter(ImageFilter.GaussianBlur)
    img.thumbnail(size)
    img.save(f"{thumb_dir}/{os.path.basename(filename)}")
    print(f"{filename} was processed")

if __name__ == '__main__':
    start = time.perf_counter()

    with ProcessPoolExecutor() as executor:
        executor.map(create_thumbnail, filenames)

    elapsed = time.perf_counter() - start

    print(f"elapsed: {elapsed:.2f} sec")
```

執行結果

程式執行時間為 0.3 秒。

```
d:/openai_book/chap05/images/img01.jpg was processed
d:/openai_book/chap05/images/img02.jpg was processed
d:/openai_book/chap05/images/img05.jpg was processed
d:/openai_book/chap05/images/img03.jpg was processed
d:/openai_book/chap05/images/img04.jpg was processed
```

```
d:/openai_book/chap05/images/img06.jpg was processed
elapsed: 0.30 sec
```

5.8 程序間共享記憶體

　　程序與執行緒的最大不同是每個程序皆擁有獨立的記憶體空間，不像多個執行緒會共享同一程序的記憶體空間，因此當我們在設計多程序程式時，我們一般會以 Queue 來交換資料，如範例 5-3 所示。

　　除了以 Queue 來交換資料外，若我們真的有需要讓多個程序共享記憶體空間，multiprocessing 模組也提供了共享記憶體的方法，讓我們可以使用 Value 或 Array 來管理共享記憶體：

❑ multiprocessing.Value：管理共享值。

❑ multiprocessing.Array：管理共享陣列值。

　　其中，當我們在使用 multiprocessing 模組的 Value 及 Array 時，需要指定資料類型，Value 及 Array 擁有與 C 語言相容的資料類型。

範例 5-7

❑ 定義 task1() 函式，使用 Lock() 保護共享記憶體中的資料。將共享值加 100，並遍歷共享陣列中的元素，進行元素相乘。

❑ 定義 task2() 函式，使用 Lock() 保護共享記憶體中的資料。將共享值加 200，並遍歷共享陣列中的元素，進行元素乘 -1。

❑ 在主程式中定義共享值及共享陣列，並以 Process 物件建立二個程序，分別呼叫 task1() 函式及 task2() 函式。

❑ 函式結束執行後，印出最後的共享值及共享陣列的內容。

```python
from multiprocessing import Process, Value, Array
from multiprocessing import Lock
from time import sleep

def task1(lock, n, a):
    lock.acquire()
    num1 = n.value
    num1 += 100
    sleep(0.2)
    n.value = num1

    for i in range(len(a)):
        a[i] = a[i]*a[i]

    lock.release()

def task2(lock, n, a):
    lock.acquire()
    num2 = n.value
    num2 += 200
    sleep(0.2)
    n.value = num2

    for i in range(len(a)):
        a[i] = -a[i]

    lock.release()

if __name__ == '__main__':
    lock=Lock()
    num = Value('d', 0.0)  # doulbe type
    arr = Array('i', range(10))  # int type

    p1 = Process(target=task1, args=(lock, num, arr))
    p2 = Process(target=task2, args=(lock, num, arr))
    p1.start()
```

```
p2.start()

p1.join()
p2.join()

print(f"num= {num.value}")
print(f"arr= {arr[:]}")
```

執行結果

```
num= 300.0
arr= [0, -1, -4, -9, -16, -25, -36, -49, -64, -81]
```

6.1 本章提要

所謂「I/O-bound 任務」，是指 CPU 會花較多時間處理 I/O 工作，如處理網路請求、資料庫連接、檔案讀寫等任務。遇到此種任務，我們除了可以採用第 4 章的執行緒，撰寫多執行緒程式來提高程式執行的效率，也可以使用本章要介紹的 asyncio 套件，撰寫非同步 I/O 程式來提高程式執行的效能。

Python 的內建套件 asyncio 可以讓我們在主執行緒中同時執行多個任務，它與多執行緒程式設計不同，在多執行緒程式中，我們是在一個程序中建立多個執行緒來平行處理多個 I/O 任務，而在 asyncio 程式中，我們是在一個程序的主執行緒中，以非同步方式並行處理多個 I/O 任務。

6.2 平行與並行

在一般同步應用程式中，函式會從頭到尾以線性的方式逐行執行程式碼，直到執行完成函式中的所有程式碼後才會跳出，此時如果有一行程式碼執行得特別慢，該行之後的程式碼將被卡住，這些執行較慢的程式碼會阻止應用程式執行其他程式碼。為了解決此問題，Python 提供了多種方式來處理，但總結來說，這些方式不外乎是「平行執行」及「並行執行」。

🤖 平行執行

所謂「平行執行」（parallelism），是指可同時處理多個任務，且它們是以平行方式來執行。之前第 4 章介紹的多執行緒以及第 5 章介紹的多程序，即是以平行執行來同時處理 I/O-bound 任務及 CPU-bound 任務。如圖 6-1 所示，我們透過平行可以同時執行二個任務。

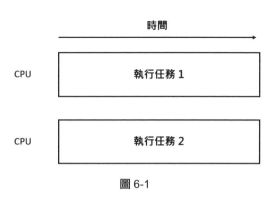

圖 6-1

並行執行

所謂「並行執行」（concurrency），是指可以在單一執行緒中，以切換任務的方式非同步處理多個 I/O-bound 任務，例如：可以非同步處理多個 Web 請求或是多個 I/O 操作，以提高處理多個 I/O-bound 任務的效能。

要實現並行執行，可以使用 asyncio 模組。asyncio 是非同步 I/O 的縮寫，該模組可以讓我們編寫非同步程式，同時處理多個 I/O 任務，並讓我們的應用程式保持回應的能力。如圖 6-2 所示，我們透過並行執行可以在執行的二個任務間進行切換。

圖 6-2

6.3 定義協程函式

一般的函式會從頭到尾以線性的方式逐行執行程式碼，直到執行完成函式中所有的程式碼後才會跳出。協程（coroutines）函式則是可以在函式中具有「從不同的執行點暫停程式的執行」以及「繼續執行程式碼」的功能；在暫停期間，協程函式可以允許 CPU 去處理其他的任務。

定義協程函式的步驟如下：

STEP/ **01** 定義協程函式，定義時要在 def 前加上 async，例如：定義一個 add() 協程函式。

```
async def add(number):
    pass
```

STEP/ **02** 若要在協程函式中呼叫其他非同步函式時，需要加上 await 關鍵字，代表此處可以暫停。而在 await 關鍵字後的非同步函式執行完成後，協程函式可以取得其回傳的結果，並繼續執行協程中 await 後面的程式碼。

```
async def add(number):
    await asyncio.sleep(1)
    return number + 1
```

STEP/ **03** add() 協程函式中的 asyncio.sleep() 函式也是一個協程函式，用來取代傳統的 time.sleep() 函式，會讓程式進入非同步睡眠，單位為秒。

範例 6-1

❑ 定義 add(number) 協程函式，等待 1 秒後，回傳 number 值加 1 後的結果。

❑ 主程式呼叫 add() 協程函式。

```
import asyncio

async def add(number):
    await asyncio.sleep(1)
    return number + 1

# 呼叫 add()
result = add(1)

print(f"result = {result}, type = {type(result)}")
```

執行結果

```
result = <coroutine object add at 0x000001EBFDCEA570>, type = <class 'coroutine'>
sys:1: RuntimeWarning: coroutine 'add' was never awaited
```

　　由執行結果可知，以一般呼叫函式的方式呼叫 add() 協程函式，無法執行協程中的程式碼，它會回傳一個協程物件。

 # 事件迴圈

　　「事件迴圈」是 asyncio 模組的核心，用來負責執行非同步的工作。在 Python 3.7 版本以前，我們需要建立事件迴圈來執行協程函式，但在 Python 3.7 版以後，我們可以使用 asyncio.run() 來執行協程函式。

範例 6-2

❏ 定義 add(number) 協程函式，等待 1 秒後，回傳 number 值加 1 後的結果。

❏ 使用 asyncio.run() 來執行 add() 協程函式。

```python
import asyncio

async def add(number):
    await asyncio.sleep(1)
    return number + 1

result=asyncio.run(add(1))

print(f"result = {result}, type = {type(result)}")
```

執行結果

```
result = 2, type = <class 'int'>
```

6.4　await 關鍵字

　　await 關鍵字的後面會跟著可等待（awaitable）的物件，它會等待 awaitable 物件的執行，並會在 awaitable 物件執行完成後，取得回傳的結果。

　　所謂「awaitable 物件」，代表 Python 的三種物件：

❑ 協程（Coroutine）。

❑ 任務（Task）。

❑ Future。

範例 6-3

❑ 定義 say(delay, msg) 協程函式，等待 delay 秒後，印出 msg 訊息。

❑ 執行二次 say() 協程函式，並計算程式執行時間。

```python
import asyncio
from  time import perf_counter

async def say(delay,msg):
    await asyncio.sleep(delay)
    print(msg)

start = perf_counter()

asyncio.run(say(1,"Good"))
asyncio.run(say(2,"Morning"))

elapsed = perf_counter() - start
print(f"elapsed: {elapsed:.2f} sec")
```

執行結果

```
Good
Morning
elapsed: 3.02 sec
```

　　第一次執行 say(1, "Good") 協程函式，會等待 1 秒，再印出 Good 字串；執行第二個 say(2, "Morning") 協程函式，會等待 2 秒，再印出 Morning 字串，所以程式的執行時間爲 3.02 秒。

　　由範例 6-3 可知，若只是在協程函式中使用 await 關鍵字，以 asyncio.run() 執行多個協程函式，並沒有並行執行的效果。

6.5　建立任務

　　「任務」（Task）是協程的包裝，它會安排協程函式儘快在事件循環中執行，安排及執行以非阻塞的方式進行，所以我們可以建立多個任務，讓這些任務同時執行，來達到並行執行的目的。

　　建立任務 task 的步驟如下：

STEP/ **01**　使用 asyncio 模組中的 create_task() 函式來建立 task，例如：建立 task1 任務，執行 say() 協程函式。

```
task1 = asyncio.create_task(say(1,"Good"))
```

STEP/ **02**　task 是 awaitable 物件，可以應用 await 來等待 task。

```
await task1
```

STEP/ **03**　有了 task 後，我們可以使用 asyncio.run() 來安排協程並行執行多個 task。

範例 6-4

❑ 定義 say(delay, msg) 協程函式，等待 delay 秒後，印出 msg 訊息。

❑ 定義 main() 協程函式，建立二個任務 task，分別執行 say() 協程函式，等待 task 執行完成，並計算程式執行時間。

❑ 使用 asyncio.run() 執行 main() 協程函式，安排協程並行執行二個 task。

```python
import asyncio
from time import perf_counter

async def say(delay,msg):
    await asyncio.sleep(delay)
    print(msg)

async def main():
    start = perf_counter()

    task1=asyncio.create_task(say(1,"Good"))
    task2=asyncio.create_task(say(2,"Morning"))
    await task1
    await task2

    elapsed = perf_counter() - start
    print(f"elapsed: {elapsed:.2f} sec")

asyncio.run(main())
```

執行結果

```
Good
Morning
elapsed: 2.00 sec
```

執行時間為 2 秒。在建立任務 task 後，我們就能以並行方式執行多個協程函式。

6.6 使用 gather()

使用 gather() 函式，可同時放入多個協程，並將這些協程安排為任務 task，並行執行這些協程函式。

範例 6-5

❏ 定義 hello(name) 協程函式，印出 Hello 字串，等待 1 秒後，再印出 name 字串。

❏ 定義 main() 協程函式，使用 gather() 函式，放入三個 hello() 協程函式。

❏ 以並行方式執行 main() 協程函式，並計算執行時間。

```python
import asyncio
from time import perf_counter

async def hello(name):
    print("Hello")
    await asyncio.sleep(1)
    print(name)

async def main():
    await asyncio.gather(
        hello("John"), hello("Mary"), hello("Tony"))

start = perf_counter() # 開始測量執行時間

asyncio.run(main())

elapsed = perf_counter() - start # 計算程式執行時間
print(f" 執行時間：{elapsed:.2f} 秒 ")
```

執行結果

```
Hello
Hello
Hello
John
Mary
Tony
執行時間：1.01 秒
```

　　觀察輸出訊息的順序，我們透過 asyncio.gather() 呼叫了三個 hello() 協程函式。當執行到第一個 hello("John") 的 await 時會暫停 1 秒，CPU 就會趁這個時候去執行其他的工作，也就是會去執行第二個 hello("Mary") 函式，以此類推，所以 CPU 會將三個 Hello 印出來之後，再印出三個字串：John、Mary 及 Tony，雖然每個 hello() 函式都要等待 1 秒，但總共花費的時間只有 1 秒左右。

　　程式中的 asyncio.sleep() 表示一個耗時的 I/O 工作，也就是說，當遇到需要長時間等待的 I/O 工作時，程式可以讓 CPU 先去執行其他可以先處理的任務，以減少等待的時間。

使用 Task 處理大量工作

　　當遇到大量的非同步工作時，可以將多個 task 加入到串列中，一起透過 asyncio.gather() 執行多個 task，並取回執行結果。

範例 6-6

❏ 定義 delay_calc(x) 協程函式，等待 1 秒後，回傳 x*x 的值。

❏ 定義 main() 協程函式，建立串列 tasks，放入三個 task，每個 task 會分別呼叫 delay_calc() 協程函式，透過 asyncio.gather(*tasks) 一起執行三個 task，並印出 delay_calc() 的回傳結果。

```
import asyncio
import time
```

```python
async def delay_calc(x):
    await asyncio.sleep(1)
    return x*x

async def main():
    # 建立 Task 列表
    tasks = []
    tasks.append(asyncio.create_task(delay_calc(1)))
    tasks.append(asyncio.create_task(delay_calc(2)))
    tasks.append(asyncio.create_task(delay_calc(3)))

    # 執行所有 Tasks
    results = await asyncio.gather(*tasks)

    # 輸出結果
    for r in results:
        print(r)

start = time.perf_counter() # 開始測量執行時間

# 執行協同程序
asyncio.run(main())

elapsed = time.perf_counter() - start # 計算程式執行時間
print(f" 執行時間：{elapsed:.2f} 秒 ")
```

執行結果

```
1
4
9
執行時間：1.01 秒
```

6.7 取消任務

在長時間執行任務時，若要取消任務的執行，可以使用 cancel() 方法。每個任務物件都有一個名為 cancel() 的方法，若我們要停止某個任務時可以呼叫此方法。另外，若我們以 await 等待某個取消的任務時，將會引發 CancelledError 例外，我們可以在需要時處理此例外。

範例 6-7

❏ 定義 alarm() 協程，執行 10 次工作，每個工作會印出訊息，再等待 1 秒。執行時，在程式中處理 CancelledError 例外。

❏ 定義 main() 協程，建立 task 呼叫 alarm() 協程，等待 5 秒後取消執行 task，並引發 CancelledError 例外。

```python
import asyncio
from asyncio import CancelledError
import time

async def alarm():
    try:
        for i in range(1,10):
            print(f"Beep...{i}")
            await asyncio.sleep(1)
    except CancelledError:
        print("Cancel the alarm")
    finally:
        print("Alarm stopped")

async def main():
    t1=asyncio.create_task(alarm())
    await asyncio.sleep(5)
    t1.cancel()  # 取消執行 alarm()
```

```
    await t1   # 引發 CancelledError 例外
    print("All done")

start = time.perf_counter() # 開始測量執行時間

# 執行協同程序
asyncio.run(main())

elapsed = time.perf_counter() - start # 計算程式執行時間
print(f" 執行時間：{elapsed:.2f} 秒 ")
```

執行結果

```
Beep...1
Beep...2
Beep...3
Beep...4
Beep...5
Cancel the alarm
Alarm stopped
All done
執行時間：5.01 秒
```

6.8 使用超時取消任務

　　使用 asyncio.wait_for() 函式，可以設定 timeout（超時）來等待 task 的完成。若超時發生，wait_for() 函式將會取消執行 task，並引發 TimeoutError 例外，若有需要，我們可以處理此例外。

範例 6-8

❏ 定義 say(delay, msg) 協程，會等待 delay 秒後，印出 msg 訊息。

❏ 定義 main() 協程，建立 task 呼叫 say(10, "Hello World")，會等待 10 秒後再印出訊息。使用 asyncio.wait_for(task, timeout=3) 函式，當超時 3 秒後，會取消 task，並處理 TimeoutError 例外。

```python
import asyncio
from asyncio import TimeoutError
import time

async def say(delay,msg):
    await asyncio.sleep(delay)
    print(msg)

async def main():
    task = asyncio.create_task(say(10, "Hello World"))

    MAX_TIMEOUT=3
    try:
        await asyncio.wait_for(task, timeout=MAX_TIMEOUT)
    except TimeoutError:
        print("The task was cancelled due to a timeout")

start = time.perf_counter() # 開始測量執行時間

# 執行協同程序
asyncio.run(main())

elapsed = time.perf_counter() - start # 計算程式執行時間
print(f" 執行時間：{elapsed:.2f} 秒 ")
```

執行結果

```
The task was cancelled due to a timeout
執行時間：3.01 秒
```

6.9 防止任務被取消

 shield()

　有時，我們可能希望在一定時間後，通知使用者某項任務花費的時間比預期要長，但在超過時間後不取消該任務，此時我們可以使用 asyncio.shield() 函式來包裝任務，此函式可以防止取消任務。

範例 6-9

❏ 定義 main() 協程，建立 task，呼叫 say(5, "Hello World") 協程，等待 5 秒，印出「Hello World」字串。

❏ 使用 asyncio.wait_for(asyncio.shield(task), timeout=3) 函式，以 shield() 函式包裝 task，當超時 3 秒後，不會取消任務 task，但會處理 TimeoutError 例外，通知使用者例外訊息，並等待 task 完成工作。

```python
import asyncio
from asyncio import TimeoutError
import time

async def say(delay,msg):
    await asyncio.sleep(delay)
    print(msg)

async def main():
    task = asyncio.create_task(say(5, "Hello World"))

    MAX_TIMEOUT=3
    try:
        await asyncio.wait_for(asyncio.shield(task), timeout=MAX_TIMEOUT)
    except TimeoutError:
        print("The task took more than 3 sec and will complete soon")
```

```
        await task

start = time.perf_counter() # 開始測量執行時間

# 執行協同程序
asyncio.run(main())

elapsed = time.perf_counter() - start # 計算程式執行時間
print(f" 執行時間：{elapsed:.2f} 秒 ")
```

執行結果

```
The task took more than 3 sec and will complete soon
Hello World
執行時間：5.01 秒
```

6.10 非同步產生器

「非同步產生器」是在定義產生器時，以 async def 來定義，它是一個協程函式，且有一個 yield 敘述來回傳值。

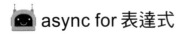 ## async for 表達式

async for 表達式可用來遍歷一個非同步產生器，它是非同步的 for loop 敘述。

範例 6-10

❏ 定義非同步產生器 async_counter(number)，會執行 number 次迴圈，每次會等待 1 秒，再以 yield 回傳 0、1、2、…、number-1 的值。

❏ 定義 main() 協程，以 async for 迭代非同步產生器 async_counter()。

```python
import asyncio

async def async_counter(number):
    for i in range(number):
        await asyncio.sleep(1)
        yield i

async def main():
    async for i in async_counter(5):
        print(i)

asyncio.run(main())
```

執行結果

```
0
1
2
3
4
```

6.11 aiohttp 套件

Python 的 aiohttp 套件提供了非同步版本的 HTTP 協定相關功能，可以非同步發送請求 request。使用此套件前，須安裝套件：

```
pip install aiohttp
```

範例 6-11

❏ 定義 main() 協程，使用 aiohttp 的 GET 方式，請求 Pokemon API 網站。執行請求後，會回傳 json 字串，解析 json 字串成 Python 字典物件，並使用字典 name 索引，取得 pokemon 角色名稱。

```python
import aiohttp
import asyncio

async def main():
    async with aiohttp.ClientSession() as session:
        # 指定網站網址
        pokemon_url = 'https://pokeapi.co/api/v2/pokemon/150'
        # 以 aiohttp 擷取網頁資料
        async with session.get(pokemon_url) as resp:
            # 取得 JSON 資料
            pokemon = await resp.json()
            print(pokemon['name'])

# 執行協同程序
asyncio.run(main())
```

執行結果

```
mewtwo
```

🤖 抓取大量網頁資料

當需要抓取大量網頁資料，可以將多個 aiohttp task 加到串列中，再一起透過 asyncio.gather 執行多個 task，並取回執行的結果。

範例 6-12

❏ 定義 get_pokemon() 協程，使用 aiohttp 的 GET 方式，請求 Pokemon API 網站。

❏ 定義 main() 協程，建立 100 個 aiohttp task，將這些 task 加到串列中，再一起透過
asyncio.gather 執行這 100 個 task，並取回執行的結果。

```python
import aiohttp
import asyncio
import time

# 抓取指定編號的網址
async def get_pokemon(session, number):
    url = f'https://pokeapi.co/api/v2/pokemon/{number}'
    async with session.get(url) as resp:
        pokemon = await resp.json()
        return f"{number}: {pokemon['name']}"

async def main():
    async with aiohttp.ClientSession() as session:
        # 建立 Task 列表
        tasks = []
        for number in range(1, 100):
            tasks.append(asyncio.create_task(get_pokemon(session, number)))

        # 同時執行所有 Tasks
        original_pokemon = await asyncio.gather(*tasks)

        # 輸出結果
        for pokemon in original_pokemon:
            print(pokemon)

start = time.perf_counter() # 開始測量執行時間

# 執行協同程序
asyncio.run(main())

elapsed = time.perf_counter() - start # 計算程式執行時間
print(f" 執行時間：{elapsed:.2f} 秒 ")
```

執行結果

```
1: bulbasaur
2: ivysaur
3: venusaur
4: charmander
5: charmeleon

...

98: krabby
99: kingler
執行時間：2.16 秒
```

7.1 tkinker 簡介

GUI 英文全名是「Graphical User Interface」，中文為「圖形使用者介面」。Tk 是一個開放原始碼的 GUI 開發工具，此工具移植到 Python 語言，已屬於 Python 的內建模組，而在 Python 3 版本中，此模組為 tkinter 模組。使用 tkinter 模組，可以讓我們開發桌面應用程式，是一個非常不錯的 Python GUI 程式設計工具。

7.2 建立視窗

要使用 tkinter 建立視窗，步驟如下：

STEP/ **01** 匯入 tkinter 模組。

```
import tkinter as tk
```

STEP/ **02** 建立視窗的類別實例。

```
root = tk.Tk()
```

STEP/ **03** 呼叫 root.mainloop() 方法，讓程式繼續執行，同時進入等待與處理視窗事件。

```
root.mainloop()
```

STEP/ **04** 按下視窗右上方的「關閉」按鈕，可結束程式的執行。

範例 7-1

❏ 建立視窗。加入標籤 Label 控制元件，顯示「Hello World」字串。

```
import tkinter as tk
from tkinter import ttk

root=tk.Tk()

# Label
label=ttk.Label(root, text="Hello World")
label.pack()

root.mainloop()
```

説明

❏ label.pack()：將 label 控制元件加入至視窗中。

執行結果

圖 7-1

更改視窗標題

要更改視窗標題，可以使用 title() 方法。

```
root.title("tkinter demo")
```

更改視窗大小及位置

使用 geometry() 方法，可以設定視窗的大小及位置，語法如下：

```
geometry(widthxheight+x+y)
```

説明

❏ width：視窗的寬。

❏ height：視窗的高。

❏ x：視窗水平位置。

❏ y：視窗垂直位置。

 ## 調整視窗大小

預設情況下，我們可以調整視窗的寬度和高度。若要防止視窗調整大小，可以使用下列 resizable() 方法：

```
root.resizable(bool_width, bool_height)
```

其中，bool_width 及 bool_height 為布林值，表示視窗的寬度和高度是否可以調整大小。

範例 7-2

❏ 建立視窗，設定視窗標題。

❏ 設定視窗大小為 320×240，水平位置為 100，垂直位置為 100。

❏ 設定不能調整視窗大小。

```python
import tkinter as tk
from tkinter import ttk

root=tk.Tk()
root.title("tkinter demo")
root.geometry('320x240+100+100')
root.resizable(False, False)

# Label
label=ttk.Label(root, text="Hello World")
label.pack()

root.mainloop()
```

執行結果

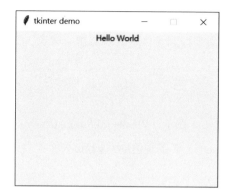

圖 7-2

7.3 標籤控制元件

tk 控制元件與 ttk 控制元件

tkinter 有二代控制元件：

❏ 傳統的 tk 控制元件，於 1991 年推出。

❏ 較新的 ttk 控制元件，於 2007 年新增，新的 ttk 控制元件替代了大部分的 tk 控制元件，但不是全部。

要使用較新的 ttk 控制元件，需要匯入模組：

```
from tkinter import ttk
```

標籤（Label）

Label 控制元件可用來建立文字或影像標籤，語法如下：

```
ttk.Label(container, **options)
```

說明

❏ container：放置控制元件的父視窗或框架。

❏ options：一個或多個指定控制元件配置的關鍵字參數。

範例 7-3

❏ 建立標籤 Label 控制元件。顯示「Please take the survey」字串，字型爲「Arial 16 bold」，背景色爲「blue」，文字顏色爲「white」。

```python
import tkinter as tk
from tkinter import ttk

root=tk.Tk()
root.title("tkinter demo")
root.geometry('320x240+300+100')

# Label
lbl_title=ttk.Label(
    root,
    text="Please take the survey",
    font=('Arial 16 bold'),
    background='blue',
    foreground='#FFFFFF'
)
lbl_title.pack()

root.mainloop()
```

執行結果

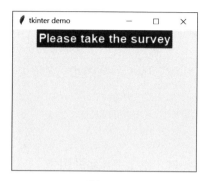

圖 7-3

 設定控制元件的配置選項

除了在建立控制元件時，使用關鍵字參數設定控制元件的配置選項外，另有二種
方法可用來設定控制元件的選項：

❏ 在建立控制元件後，使用字典索引來設定。

```
label = tk.Label(root)
label['text'] = 'Hi, there'
```

❏ 使用關鍵字屬性的 config() 方法。

```
label = ttk.Label(root)
label.config(text='Hi, there')
```

7.4 按鈕控制元件

在視窗中，我們可以設計按鈕執行某一個特定的動作，按鈕上面可以有文字或是
影像，也可以設定文字的字型。建立 Button 控制元件，可以使用 ttk.Button 建立函
式，語法如下：

```
button = ttk.Button(container, **option)
```

Button 控制元件有許多選項，常用的選項如下：

```
button = ttk.Button(container, text, command)
```

說明

❏ text：Button 的標籤。

❏ command：當按一下按鈕時，指定要呼叫的函式。

範例 7-4

❏ 加入 Button 控制元件。按一下按鈕時，呼叫 on_submit() 函式，在 Label 控制元件
中顯示「Good Morning」字串。

```
import tkinter as tk
from tkinter import ttk

root=tk.Tk()
root.title("tkinter demo")
root.geometry('320x240+300+100')

# Button
btn_submit = ttk.Button(root, text='Submit Survey')
btn_submit.pack()

# Label
lbl_output = ttk.Label(root, text='', anchor='w', justify='left')
lbl_output.pack()

def on_submit():
    lbl_output.config(text="Good Morning")

# 設定 Button command
btn_submit.config(command=on_submit)
```

```
root.mainloop()
```

執行結果

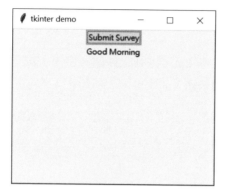

圖 7-4

7.5 文字方塊控制元件

　　Entry 控制元件可用來輸入單行字串。在 tkinter 中，建立文字方塊的語法如下：

```
textbox = ttk.Entry(container, **options)
```

　　若輸入的字串長度大於 Entry 控制元件的寬度，所輸入的文字會自動捲動，造成部分內容無法看到，此時我們需要以鍵盤的方向鍵來上下移動滑鼠游標到看不到的區域。

 get()

　　Entry 的 get() 方法可用來取得目前 Entry 控制元件中的字串。

 delete()

Entry 的 delete(first, last=None) 方法可用來刪除 Entry 中，從 first 字元到 last-1 字元間的字串。若要刪除整個字串，可以使用 delete(0, tk.END)。

範例 7-5

❏ 加入 Entry 控制元件。在 Entry 控制元件輸入字串，按一下 Button 控制元件，可以在 Label 控制元件顯示輸入的字串。

```python
import tkinter as tk
from tkinter import ttk

root=tk.Tk()
root.title("tkinter demo")
root.geometry('320x240+300+100')

def on_submit():
    msg=et_name.get()   # 取得 Entry 內容
    lbl_result["text"]=msg

# Label
lbl_name = ttk.Label(root,text="What is your name?")
lbl_name.pack(padx=10, pady=10)

# Entry
et_name = ttk.Entry(root)
et_name.pack(padx=10, pady=10)

# Button
btn = ttk.Button(root, text="Submit", command=on_submit)
btn.pack(padx=10, pady=10)

# Label
lbl_result=ttk.Label(root)
lbl_result.pack(padx=10, pady=10)
```

```
root.mainloop()
```

説明

❏ pack(padx=10, pady=10)：將控制元件加入視窗，並設定水平間距及垂直間距為
10個像素。

執行結果

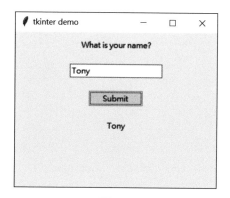

圖 7-5

框架（Frame）

Frame 是一個容器，可以將相關的控制元件組織在 Frame 中，以方便管理。我們
建立 Frame 時，會傳回框架物件，假設此物件為 A，之後若要將某控制元件放在此
框架中，則控制元件的父物件即為物件 A：

```
A = ttk.Frame(root, ...)
label = ttk.label(A, ...)
```

範例 7-6

❏ 加入 Frame 控制元件。將 Label 控制元件及 Entry 控制元件放入 Frame 控制元件
中。

```
import tkinter as tk
from tkinter import ttk


root=tk.Tk()
root.title("tkinter demo")
root.geometry('320x240+300+100')


def on_submit():
    msg=et_name.get()   # 取得 Entry 內容
    lbl_result["text"]=msg


# Frame
frame=tk.Frame(root)
frame.pack(padx=10, pady=10)


# Label
lbl_name = ttk.Label(frame,text="What is your name?")
lbl_name.pack(side='left')


# Entry
et_name = ttk.Entry(frame)
et_name.pack(side='left', padx=10)


# Button
btn = ttk.Button(root, text="Submit", command=on_submit)
btn.pack(padx=10, pady=10)


# Label
lbl_result=ttk.Label(root)
lbl_result.pack(padx=10, pady=10)


root.mainloop()
```

說明

❏ pack(side='left')：將控制元件加入視窗中，由左至右排列。

執行結果

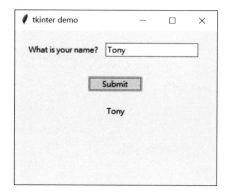

圖 7-6

7.6 Spinbox 控制元件

Spinbox 控制元件是一種輸入控制元件，允許使用者用滑鼠點選「up/down」按鈕，或是按鍵盤的上下鍵，達到在某一數值區間內增減數值的目的。要建立 Spinbox 控制元件，可以使用 ttk.Spinbox 建立函式，常用選項如下：

```
ttk.Spinbox(container, from_, to, increment)
```

説明

❏ from_：最小值。

❏ to：最大值。

❏ increment：遞增值。

範例 7-7

❏ 加入 Spinbox 控制元件，最小值為 0，最大值為 10。按一下 Button 控制元件後，會取得 Spinbox 控制元件的值，並顯示在 Label 控制元件上。

```python
import tkinter as tk
from tkinter import ttk

root=tk.Tk()
root.title("tkinter demo")
root.geometry('320x240+300+100')

def on_submit():
    msg=sp_num.get()   # 取得 Spinbox 值
    lbl_result["text"]=msg

# Label
lbl_num = ttk.Label(root, text = 'How many apples do you eat per day?')
lbl_num.pack(padx=10, pady=10)

# Spinbox
sp_num = ttk.Spinbox(root, from_=0, to=10, increment=1)
sp_num.set(0)   # 預設值為 0
sp_num.pack(padx=10, pady=10)

# Button
btn = ttk.Button(root, text="Submit", command=on_submit)
btn.pack(padx=10, pady=10)

# Label
lbl_result=ttk.Label(root)
lbl_result.pack(padx=10, pady=10)

root.mainloop()
```

執行結果

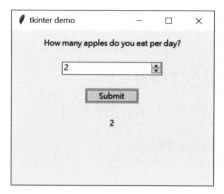

圖 7-7

7.7　文字區域控制元件

Text 控制元件可視為 Entry 控制元件的擴充，Text 控制元件可以處理多行的輸入，也可以在文字中嵌入影像或是提供格式化的功能。要建立 Text 控制元件，可以使用 tk.Text 建立函式，常用選項如下：

```
text = tk.Text(container, height, width, xscrollcommand, yscrollcommand)
```

說明

❏ height：Text 控制元件的高，單位是字元高。

❏ width：Text 控制元件的寬，單位是字元寬。

❏ xscrollcommand：在 X 軸使用捲軸。

❏ yscrollcommand：在 Y 軸使用捲軸。

插入初始內容

使用 insert() 函式，可將字串插入至 Text 控制元件，並指定索引位置，語法如下：

```
text.insert(index, string)
```

若 index 為 tk.END，表示將字串插入文件末端位置。

 ## 取得 Text 控制元件內容

我們可以使用 get() 方法，來取得 Text 控制元件的內容：

```
text_content = text.get('1.0', tk.END)
```

 ## 刪除 Text 控制元件內容

若要刪除 Text 控制元件中的所有內容，可以使用 delete() 方法：

```
text.delete('1.0', tk.END)
```

 ## 禁止變更 Text 控制元件內容

我們可以設定 state 選項為 disable，來禁止使用者變更 Text 控制元件的內容。

```
text['state'] = 'disable'
```

範例 7-8

❏ 加入 Text 控制元件，高度為 3 字元高。按一下 Button 控制元件，可以將使用者輸入的內容顯示在 Label 控制元件。

```
import tkinter as tk
from tkinter import ttk

root=tk.Tk()
root.title("tkinter demo")
root.geometry('320x240+300+100')
```

```
def on_submit():
    msg=txt_remark.get('1.0', tk.END)  # 取得 Text 內容
    lbl_result["text"]=msg

# Label
lbl_remark=ttk.Label(root, text='Write a remark about apples')
lbl_remark.pack(padx=10, pady=10)

# Text
txt_remark=tk.Text(root,height=3)
txt_remark.pack(padx=10, pady=10)

# Button
btn = ttk.Button(root, text="Submit", command=on_submit)
btn.pack(padx=10, pady=10)

# Label
lbl_result=ttk.Label(root)
lbl_result.pack(padx=10, pady=10)

root.mainloop()
```

執行結果

圖 7-8

7.8 捲軸控制元件

「捲軸」(scrollbar)控制元件可以讓我們查看另一個控制元件的所有部分,其內容通常大於可顯示的空間。tkinter scrollbar 控制元件不是任何其他控制元件(如 Text 和 Listbox)的一部分,它是一個獨立的控制元件。

要建立 scrollbar 控制元件,語法如下:

```
scrollbar = ttk.Scrollbar(
    container,
    orient='vertical',
    command=widget.yview
)
```

説明

❏ orient:指定 scrollbar 是否需要水平捲動或垂直捲動。

❏ command:允許 scrollbar 控制元件與可捲動控制元件(如 Text 控制元件)進行通訊。

❏ 將 scrollbar 控制元件與可捲動控制元件連結。每個可捲動控制元件都有一個 yscrollcommand 及 xscrollcommand 選項,我們可以使用 scrollbar.set 方法指派給這些選項:

```
text['yscrollcommand'] = scrollbar.set
```

範例 7-9

❏ 加入 scrollbar 控制元件,指派給 Text 控制元件的 Y 軸。在 Text 控制元件插入 50 行字串,並測試捲軸效果。

```python
import tkinter as tk
from tkinter import ttk

root=tk.Tk()
root.title("tkinter demo")
root.geometry('320x240+300+100')

# Label
lbl_remark=ttk.Label(root, text='Write a remark about apples')
lbl_remark.pack(padx=10, pady=10)

# Frame
frame=ttk.Frame(root)
frame.pack(padx=10, pady=10)

# Text
txt_remark=tk.Text(frame,height=5, width=30)
txt_remark.pack(side='left')

# Scrollbar
scroll_y = ttk.Scrollbar(frame, orient='vertical', command=txt_remark.yview)
scroll_y.pack(side='left', fill='y')

# Scrollbar 指定給 Text
txt_remark['yscrollcommand']=scroll_y.set

# Text 加入字串
for i in range(1,50):
    pos=f'{i}.0'
    txt_remark.insert(pos, f'Line {i}\n')

root.mainloop()
```

說明

❏ pack(fill='y')：將控制元件加入視窗，填滿 Y 軸空間。

執行結果

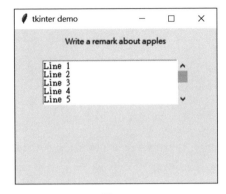

圖 7-9

7.9 列表控制元件

　　「列表」（Listbox）是一個可以顯示系列選項的控制元件，可讓使用者選擇選項。若要建立 Listbox 控制元件，您可以使用 tk.Listbox 建立函式，常用選項如下：

```
listbox = tk.Listbox(container, listvariable, height, selectmode)
```

説明

❏ listvariable：連結至 tkinter.Variable 物件。

❏ height：在不捲動的情況下，Listbox 控制元件將顯示的項目數。

❏ selectmode：指定可以選擇的項目數。

🤖 列出項目

　　若要將項目填入 Listbox，需要先建立一個項目清單初始化的 Variable 物件，然後將此 Variable 物件指派給 Listbox 控制元件的 listvariable 選項，如下所示：

```
list_items = tk.Variable(value=items)
listbox = tk.Listbox(
    container,
    height,
    listvariable=list_items
)
```

selectmode

❑ tk.BROWSE：預設模式，可以選擇一個項目。

❑ tk.EXTENDED：可以區間複選。點選第一個項目，再拖拉滑鼠至最後一個項目，
　即可選擇這區間的系列項目，也可以按住 Ctrl 或 Shift 鍵來選取多個選項。

❑ tk.SINGLE：只能選擇一個項目，不能使用拖拉。

❑ tk.MULTIPLE：可以一次選擇任意數量的項目。按一下任意項目，可切換該項目
　是否已選取。

範例 7-10

❑ 加入 Listbox 控制元件，selectmode 為 tk.EXTENDED，可選擇多個項目。按一下
　Button 控制元件，可以將選擇的項目顯示在 Label 控制元件中。

```
import tkinter as tk
from tkinter import ttk

root=tk.Tk()
root.title("tkinter demo")
root.geometry('320x240+300+100')

def mylist():
    # 取得 Listbox 選項
    ids=list_color.curselection()
    colors=",".join(list_color.get(i) for i in ids)
    lbl_result.config(text=colors)
```

```
# Label
lbl_color = ttk.Label(root, text='What is the best color for a apple?')
lbl_color.pack(padx=10, pady=10)

# Listbox
color_choices=('Any', 'Red', 'Green', 'Yellow')
var=tk.Variable(value=color_choices)  # var 變數有 4 個項目
list_color = tk.Listbox(root, height=4,
                        listvariable=var,
                        selectmode=tk.EXTENDED)
list_color.pack(padx=10, pady=10)

# Button
btn_result=ttk.Button(root, text="submit", command=mylist)
btn_result.pack(padx=10, pady=10)

# Label
lbl_result=ttk.Label(root, text="")
lbl_result.pack(padx=10, pady=10)

root.mainloop()
```

執行結果

圖 7-10

7.10 變數類別

若要將控制元件的變數選項值以變數的方式來處理，需要使用 tkinter 模組內的變數類別，此類別有四種變數：

❏ x = tk.IntVar()：整數變數，預設為 0。

❏ x = tk.DoubleVar()：浮點數變數，預設為 0.0。

❏ x = tk.StringVar()：字串變數，預設為 ""。

❏ x = tk.BooleanVar()：布林變數，True 是 1，Fasle 是 0。

 get()

使用 get() 方法，可以取得變數的值。

 set()

使用 set() 方法，可以設定變數的值。

7.11 單選按鈕

單選按鈕

「單選按鈕」（Radiobutton）又名為「無線電按鈕」，在收音機時代，我們可以使用無線電按鈕來選擇特定的頻道。單選按鈕的最大特色是可以用滑鼠按一下來選擇選項，且只有一個選項可被選取。要建立 Radiobutton 控制元件，可以使用 ttk.Radiobutton 建立函式：

```
selected = tk.StringVar()
r1 = ttk.Radiobutton(container, text='Option 1', value='Value 1', variable=
```

```
selected)
r2 = ttk.Radiobutton(container, text='Option 2', value='Value 2', variable=
selected)
r3 = ttk.Radiobutton(container, text='Option 3', value='value 3', variable=
selected)
```

說明

❑ text：單選按鈕旁的文字。

❑ value：單選按鈕的值。

❑ variable：設定或取得目前選取的單選按鈕，它的值通常為 intVar 或 StringVar。

📷 標籤框架

「標籤框架」（LabelFrame）是一個容器，可以將相關的控制元件組織在一個框架內，例如：可以將多個 Radiobutton 控制元件群組至 LabelFrame 控制元件中。要建立 LabelFrame 控制元件，可以使用 ttk.LabelFrame 建立函式：

```
lf = ttk.LabelFrame(container, **option)
```

範例 7-11

❑ 加入 Radiobutton 控制元件，將其放入 LabelFrame 控制元件中。按一下 Button 控制元件，可以顯示使用者選取的項目。

```
import tkinter as tk
from tkinter import ttk

root=tk.Tk()
root.title("tkinter demo")
root.geometry('320x240+300+100')

def myselect():
    num=var.get()   # 取得 Radiobutton 的值
    if num==1:
```

```
            lbl_result.config(text="You select Yes.")
        if num==2:
            lbl_result.config(text="You select No.")


# LabelFrame
frame_radio = ttk.LabelFrame(root, text='Do you eat Rome Apple?')
frame_radio.pack(padx=10, pady=10)


# Radiobutton
var=tk.IntVar()
radio1 = ttk.Radiobutton(frame_radio, variable=var, value=1, text='Yes')
radio1.pack(side='left')
radio2 = ttk.Radiobutton(frame_radio, variable=var, value=2, text='No')
radio2.pack(side='left')
var.set(1)   # Radiobutton 預設值為 1


# Button
btn_result=ttk.Button(root, text="submit", command=myselect)
btn_result.pack(padx=10, pady=10)


# Label
lbl_result = ttk.Label(root, text="")
lbl_result.pack(padx=10, pady=10)


root.mainloop()
```

執行結果

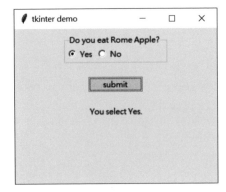

圖 7-11

7.12 核取方塊

核取方塊會顯示一個方框來讓使用者複選選項。要建立 Checkbutton，可以使用 ttk.Checkbutton 建立函式：

```
checkbox_var = tk.StringVar()
checkbox = ttk.Checkbutton(container, text='check01', variable=checkbox_var)
```

說明

❏ text：Checkbutton 旁的文字。

❏ variable：設定或取得目前 Checkbutton 控制元件的值，若選項被核取，值為 1，否則為 0。

範例 7-12

❏ 加入 Checkbutton 控制元件，將其放入 LabelFrame 控制元件中。按一下 Button 控制元件，可以將使用者核取的項目顯示在 Label 控制元件中。

```python
import tkinter as tk
from tkinter import ttk

root=tk.Tk()
root.title("tkinter demo")
root.geometry('400x240+300+100')

def mycheck():
    select_list=[]

    # 取得 Checkbutton 值
    for i in var_check:
        if var_check[i].get()==True:
            select_list.append(types[i])

    msg = ",".join(select for select in select_list)
    lbl_result.config(text=msg)

# LabelFrame
frame_check = ttk.LabelFrame(root, text='Choose your favorite apple type:')
frame_check.pack(padx=10, pady=10)

# Checkbutton
types = {0:"Rome Apple", 1:"Gala Apple", 2:"Fuji Apple"}
var_check={}
for i in range(len(types)):
    var_check[i]=tk.BooleanVar()  # 每個 Checkbutton 值為 True 或 Fasle
    ttk.Checkbutton(frame_check, variable=var_check[i], text=types[i]).
pack(side='left')

# Button
btn_result=ttk.Button(root, text="Submit", command=mycheck)
btn_result.pack(padx=10, pady=10)

# Label
lbl_result=ttk.Label(root, text="")
```

```
lbl_result.pack(padx=10, pady=10)

root.mainloop()
```

執行結果

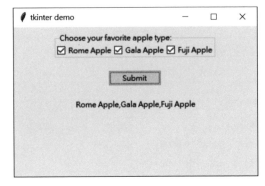

圖 7-12

7.13 使用 pack() 設計問卷調查

範例 7-13

❏ 整合範例 7-3 至範例 7-12，使用 pack() 設計問卷調查。

```
import tkinter as tk
from tkinter import ttk

root=tk.Tk()
root.title("tkinter demo")
root.geometry('640x500+300+100')

# Label
lbl_title=ttk.Label(
```

```
    root,
    text="Please take the survey",
    font=('Arial 16 bold'),
    background='blue',
    foreground='#FFFFFF'
)
lbl_title.pack()


# Frame
frame1=ttk.Frame(root)
frame1.pack(padx=10, pady=10)


# Label
lbl_name = ttk.Label(frame1,text="What is your name?")
lbl_name.pack(side='left')


# Entry
et_name = ttk.Entry(frame1)
et_name.pack(side='left', padx=10)


# Frame
frame2=ttk.Frame(root)
frame2.pack(padx=10, pady=10)


# Label
lbl_num = ttk.Label(frame2, text = 'How many apples do you eat per day?')
lbl_num.pack(side='left')


# Spinbox
sp_num = ttk.Spinbox(frame2, from_=0, to=10, increment=1)
sp_num.set(0)
sp_num.pack(side='left', padx=10)


# Frame
frame3=ttk.Frame(root)
frame3.pack(padx=10, pady=10)
```

```python
# Label
lbl_color = ttk.Label(frame3, text='What is the best color for a apple?')
lbl_color.pack(side='left')


# Listbox
list_color = tk.Listbox(frame3, height=4)
color_choices=('Any', 'Red', 'Green', 'Yellow')
color_var=tk.Variable(value=color_choices)
list_color = tk.Listbox(frame3, height=4,
                        listvariable=color_var,
                        selectmode=tk.EXTENDED)
list_color.pack(side='left', padx=10)


# Frame
frame4=ttk.Frame(root)
frame4.pack(padx=10, pady=10)


# LabelFrame
frame_radio = ttk.LabelFrame(frame4, text='Do you like Rome Apple?')
frame_radio.pack(side='left')


# Radiobutton
var=tk.IntVar()
radio1 = ttk.Radiobutton(frame_radio, variable=var, value=1, text='Yes')
radio1.pack(side='left')
radio2 = ttk.Radiobutton(frame_radio, variable=var, value=2, text='No')
radio2.pack(side='left')
var.set(1)


# LabelFrame
frame_check = ttk.LabelFrame(frame4, text='Choose your favorite apple type:')
frame_check.pack(side='left', padx=10)


# Checkbutton
types = {0:"Rome Apple", 1:"Gala Apple", 2:"Fuji Apple"}
```

```
var_check={}
for i in range(len(types)):
    var_check[i]=tk.BooleanVar()
    ttk.Checkbutton(frame_check, variable=var_check[i], text=types[i]).
pack(side='left')

# Label
lbl_remark=ttk.Label(root, text='Write a remark about apples')
lbl_remark.pack()

# Text
txt_remark=tk.Text(root,height=3)
txt_remark.pack(padx=10, pady=10)

# Button
btn_submit = tk.Button(root, text='Submit Survey')
btn_submit.pack(pady=10)

# Label
lbl_output = ttk.Label(root, text='result:', anchor='w', justify='left',
background='light blue')
lbl_output.pack()

def on_submit():
    name=et_name.get()          # 取得 Entry 內容
    num=sp_num.get()            # 取得 Spinbox 值

    # 取得 Listbox 選項
    ids=list_color.curselection()
    color=""
    color=",".join(list_color.get(i) for i in ids)

    # 取得 Radiobutton 值
    radio_num=var.get()
    if radio_num==1:
        radio_result="You like Rome Apple"
```

```python
    elif radio_num==2:
        radio_result="You do not like Rome Apple"
    else:
        radio_result=""

    # 取得 Checkbutton 值
    select_list=[]
    for i in var_check:
        if var_check[i].get()==True:
            select_list.append(types[i])

    selection=",".join(select for select in select_list)

    # 取得 Text 值
    remark=txt_remark.get('1.0', tk.END)

    # 顯示訊息
    message=(
        f'Thanks for taking survey, {name}\n'
        f'Enjoy your {num} {color} apples!\n'
        f'{radio_result}\n'
        f'Your favorite apple type: {selection}\n'
        f'Your remark: {remark}'
    )

    lbl_output.config(text=message)

# 設定 Button command
btn_submit.config(command=on_submit)

root.mainloop()
```

執行結果

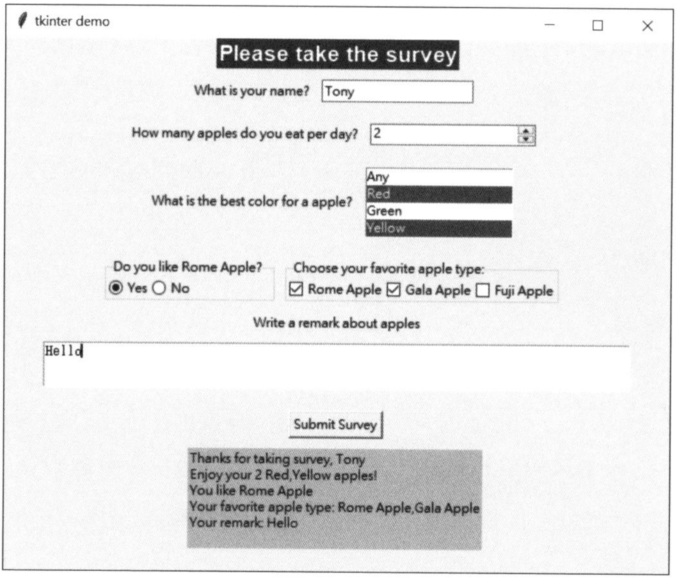

圖 7-13

7.14 使用 grid() 設計問卷調查

使用 grid() 進行視窗控制元件的配置，可以讓我們將控制元件放置在二維網格中。網格中的每一列及每一欄都有一個索引值，在預設情況下，第一列的索引值為 0，第二列的索引值為 1，以此類推；但在進行控制元件配置時，網格中的列與欄的索引不必從 0 開始，且列索引及欄索引可以有間隔，不需連續。

要將控制元件配置在 grid() 中，常用選項如下：

```
控制元件 .grid(row, column, rowspan, columnspan, sticky)
```

說明

❏ row：列索引。

❏ column：欄索引。

rowspan 及 columnspan

列和欄可以使用 rowspan 及 columnspan 選項進行跨越，如下表所示。

(0, 0)	(0, 1)	(0, 2)
(1, 0)	(1, 1) columnspan=2	
(2, 0) rowspan=2	(2, 1)	(2, 2)
	(3, 1)	(3, 2)

 ## sticky

預設情況下，當表格的儲存格的大小大於控制元件時，會將控制元件置中，但我們可以使用 sticky 選項，指定控制元件應黏在儲存格的哪個邊緣，如下表所示。

NW	N	NE
W	控制元件	E
SW	S	SE

例如：若設定 sticky = tk.W + tk.E，可以拉長控制元件的寬度，與儲存格的左邊及右邊黏貼在一起。

rowconfigure() 及 columnconfigure()

在設計控制元件佈局時，有時會碰到視窗進行縮放，此時可以使用 rowconfigure() 及 columnconfigure() 方法，設定列及欄的縮放比例，例如：

```
root.columnconfigure(0, weight=1)
root.columnconfigure(1, weight=3)
```

上述敘述將設定第 0 欄及第 1 欄的寬度，縮放比例為 1:3。

範例 7-14

❑ 整合範例 7-3 至範例 7-12，使用 grid() 設計問卷調查。

```python
import tkinter as tk
from tkinter import ttk

root=tk.Tk()
root.title("tkinter demo")
root.geometry('640x600+300+100')

# Label (0,0)
lbl_title=ttk.Label(
    root,
    text="Please take the survey",
    font=('Arial 16 bold'),
    background='blue',
    foreground='#FFFFFF'
)
lbl_title.grid(row=0, column=0, columnspan=2, padx=10)

# Label (1,0)
lbl_name = ttk.Label(root,text="What is your name?")
lbl_name.grid(row=1, column=0, pady=10, sticky=tk.E)

# Entry (1,1)
et_name = ttk.Entry(root)
et_name.grid(row=1, column=1, sticky=tk.W+tk.E, padx=10)

# Label (2,0)
lbl_num = ttk.Label(root, text = 'How many apples do you eat per day?')
lbl_num.grid(row=2, column=0, sticky=tk.E, pady=10, padx=10)

# Spinbox (2,1)
sp_num = ttk.Spinbox(root, from_=0, to=10, increment=1)
sp_num.set(0)   # 預設值為 0
```

```
sp_num.grid(row=2, column=1, sticky=(tk.W+tk.E), padx=10)


# Label (3,0)
lbl_color = ttk.Label(root, text='What is the best color for a apple?')
lbl_color.grid(row=3, column=0, sticky=tk.E, pady=10)


# Listbox (3,1)
list_color = tk.Listbox(root, height=4)
color_choices=('Any', 'Red', 'Green', 'Yellow')
color_var=tk.Variable(value=color_choices)
list_color = tk.Listbox(root, height=4,
                        listvariable=color_var,
                        selectmode=tk.EXTENDED)
list_color.grid(row=3, column=1, sticky=tk.W+tk.E, padx=10)


# LabelFrame (4,0)
frame_radio = ttk.LabelFrame(root, text='Do you eat Rome Apple?')
frame_radio.grid(row=4, column=0, sticky=tk.E, pady=10, padx=10)


# Radiobutton
var=tk.IntVar()
radio1 = ttk.Radiobutton(frame_radio, variable=var, value=1, text='Yes')
radio1.pack(side='left')
radio2 = ttk.Radiobutton(frame_radio, variable=var, value=2, text='No')
radio2.pack(side='left')
var.set(1)


# LabelFrame (4,1)
frame_check = ttk.LabelFrame(root, text='Choose your favorite apple type:')
frame_check.grid(row=4, column=1, sticky=tk.W, padx=10, pady=10)


# Checkbutton
types = {0:"Rome Apple", 1:"Gala Apple", 2:"Fuji Apple"}
var_check={}
for i in range(len(types)):
    var_check[i]=tk.BooleanVar()
```

```
    ttk.Checkbutton(frame_check, variable=var_check[i], text=types[i]).
pack(side='left')


# Label (7,0)
lbl_remark=ttk.Label(root, text='Write a remark about apples')
lbl_remark.grid(row=7, columnspan=2, sticky=tk.W, padx=10)


# Text (8,0)
txt_remark=tk.Text(root,height=3)
txt_remark.grid(row=8, columnspan=2, sticky=tk.W+tk.E, padx=10)


# Button (99,0)
btn_submit = ttk.Button(root, text='Submit Survey')
btn_submit.grid(row=99, columnspan=2, sticky=tk.E+tk.W, pady=10,padx=10)


# Label (100,0)
lbl_output = ttk.Label(root, text='result:', anchor='w', justify='left',
background='light blue')
lbl_output.grid(row=100, columnspan=2, sticky='nswe', pady=10, padx=10)


def on_submit():
    name=et_name.get()          # 取得 Entry 內容
    num=sp_num.get()            # 取得 Spinbox 值

    # 取得 Listbox 選項
    ids=list_color.curselection()
    color=""
    color=",".join(list_color.get(i) for i in ids)

    # 取得 Radiobutton 值
    radio_num=var.get()
    if radio_num==1:
        radio_result="You like Rome Apple"
    elif radio_num==2:
        radio_result="You do not like Rome Apple"
    else:
```

```
            radio_result=""

    # 取得 Checkbutton 值
    select_list=[]
    for i in var_check:
        if var_check[i].get()==True:
            select_list.append(types[i])

    selection=",".join(select for select in select_list)

    # 取得 Text 內容
    remark=txt_remark.get('1.0', tk.END)

    # 顯示訊息
    message=(
        f'Thanks for taking survey, {name}\n'
        f'Enjoy your {num} {color} apples!\n'
        f'{radio_result}\n'
        f'Your favorite apple type: {selection}\n'
        f'Your remark: {remark}'
    )

    lbl_output.config(text=message)

# 設定 Button command
btn_submit.config(command=on_submit)

# 設定第 1 欄縮放比例
root.columnconfigure(1, weight=1)

# 設定第 100 列縮放比例
root.rowconfigure(100, weight=1)


root.mainloop()
```

執行結果

圖 7-14

M • E • M • O

08

OpenAI簡介

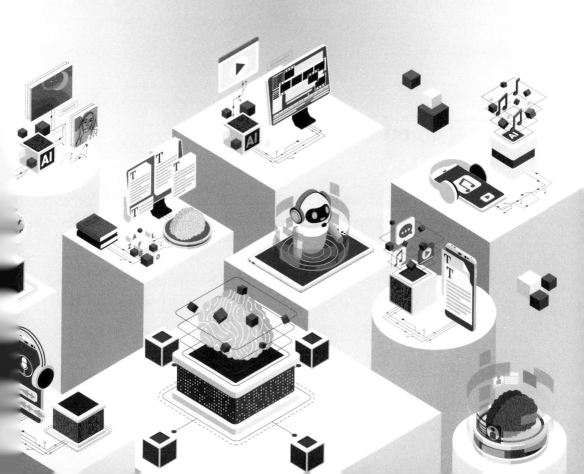

8.1　自然語言處理

「自然語言處理」（Natural Language Processing，NLP）是人工智慧的一個分支，專注於將自然人類語言用於各種電腦應用程式。NLP 包含許多不同類型的語言處理任務，如情感分析、語音辨識、機器翻譯、文字生成及文字摘要等任務。

一般來說，依據任務的不同，會有不同的最佳化技術來處理特定的 NLP 任務，所以目前性能最佳、最先進的 NLP 系統都是專門為特定任務建構的系統。

🤖 GPT 模型

GPT 是「Generative Pre-trained Transformer」的簡稱，中文是「生成式預訓練轉換模型」。GPT 是一種語言模型，它是一個通用的 NLP 系統，用於輸入文字（text）時猜測下一個文字。GTP 設計的主要目標，即在為任何的 NLP 任務提供最先進的自然語言處理系統。

8.2　OpenAI GPT

OpenAI 是一家專注於推廣和開發人工智慧的研究公司，自成立以來，OpenAI 推出了一系列令人印象深刻的工具，如 AI 聊天機器人「ChatGPT」及 AI 圖像生成器「DALL·E」。

OpenAI 公司近五年陸續推出了許多不同版本的 GPT 模型，可適用於不同的 NLP 任務，這些模型可用於從內容生成到語義搜尋及分類的所有領域。OpenAI 推出的 GPT 模型的簡介如下：

🤖 GPT

GPT 的第一個版本，於 2018 年發布。

GPT-2

　　GPT-2 版本於 2019 年發布，當時的 GPT-2 版本已可以接續舊文章、生成新的有意義的內容。

GPT-3

　　GPT-3 版本於 2020 年開始流行，它的整體設計及架構與 GPT-2 沒有太大的變化，但有一個很大的不同是用於訓練的資料集比 GPT-2 大很多，GTP-3 使用龐大的資料集進行訓練，資料集來自網際網路、書籍和其他來源的文字組成。GPT-3 包含大約 570 億個單詞和 1750 億個參數，這個數量比 GPT-2 大了大約 10 倍。

　　GPT-3 在當時已被認爲是很先進的自然語言處理模型，但它還存在一個缺點，那就是無法進行智慧對話，只能執行單向的任務，需要人工執行指令進行操作。

GPT-3.5

　　GPT-3.5 是改進 GPT-3 的模型，可理解並生成自然語言或程式。ChatGPT 於 2022 年 12 月發布，最初即是採用 GPT-3.5 模型，ChatGPT 具備智慧對話能力，大家與它接觸後，發現向 ChatGPT 提問，不只可以得到有意義的答案，且可以得到超出自身能力的答案。由於能力及潛在應用令人印象深刻，所以讓大家興奮不已，並引發了熱烈的討論。

GPT-4

　　GPT-4 是改進 GPT-3.5 的模型，於 2023 年 3 月發布，GPT-4 比 GPT-3.5 更可靠、更有創意，且可以處理更細微的指令。

OpenAI API

　　由於 GPT 語言模型非常龐大，不能在我們的電腦下載及使用它，若我們想建構類似的模型，也要花費數百萬美元的計算資源，所以對大多數的小公司及個人來說，想要自行建構類似 GPT-3 的模型是遙不可及的。

　　值得慶幸的是，我們可透過 OpenAI 價格實惠的 API 來建構我們專屬的 ChatGPT，OpenAI 的 API 讓 GPT-3 變得容易使用，也讓我們可以使用最先進的 NLP 人工智慧。

8.3　取得 OpenAI 的 API 密鑰

　　要使用 OpenAI API 來建構專屬的 ChatGPT 應用程式，我們需要註冊及生成一個 API 密鑰，步驟如下：

STEP/ **01** 連到 OpenAI 官網（ URL https://openai.com/ ），註冊一個帳號。登入 OpenAI 後，會出現圖 8-1 的畫面，點選「API」選項。

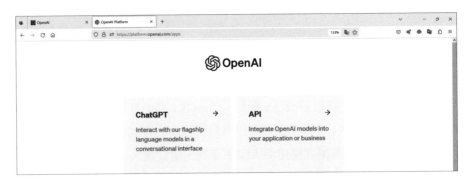

圖 8-1

STEP/ **02** 出現圖 8-2 的畫面，按一下右上角的「Personal」，然後在彈出的選單中點選「View API Keys」。

圖 8-2

STEP/ **03** 如圖 8-3 所示，進入 API Keys 頁面，按下「Create new secret key」按鈕，可生成一個新的密鑰。在生成密鑰之前，我們可以為新密鑰命名，也可以不命名。

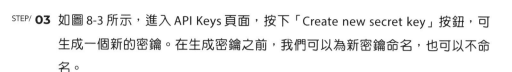

API keys

Your secret API keys are listed below. Please note that we do not display your secret API keys again after you generate them.

Do not share your API key with others, or expose it in the browser or other client-side code. In order to protect the security of your account, OpenAI may also automatically disable any API key that we've found has leaked publicly.

NAME	KEY	CREATED	LAST USED ⓘ		
Secret key	sk-...amjd	2023年1月22日	2023年9月5日	✎	🗑
Secret key	sk-...3KjD	2023年8月29日	Never	✎	🗑

+ Create new secret key

圖 8-3

STEP/ **04** 按下「Create secret key」按鈕，即可生成 API 密鑰。當 API 密鑰生成後，請將 API 密鑰複製至一個文字檔中儲存起來；因為它只會顯示一次，所以請妥善保管您的密鑰。

8.4 提示、完成及標記

OpenAI 的 API 是一個通用的文字輸入、文字輸出的界面，可用於任何的語言任務，如內容或程式碼的生成、撰寫文章、回答問題或是總結文章等。

在 OpenAI 的 API 中，文字的輸入稱為「提示」（Prompt），回傳的文字稱為「完成」（Completion），而當一個提示被發送到 ChatGPT 時，它會被分解成「標記」（Token）。「標記」是文字單字的數字表示，在深度學習中，轉換為數字的單字可讓神經網路更有效地進行處理。

使用 ChatGPT

登入 OpenAI 後，選擇「ChatGPT」選項，會出現如圖 8-4 所示的畫面，在下方輸入「提示」並按下 Enter 鍵，即可得到 ChatGPT 的回答。

圖 8-4

編寫提示的建議

「提示」是讓 ChatGPT 去做你想做的事情的方式，編寫提示時，要想一下我們希望 ChatGPT 接下來應該出現的文字。

提示可以是任何文字，並沒有像編寫程式時必須遵守的硬性規定，但有一些建議可幫助我們得到 ChatGPT 最佳的回答結果：

❏ 具體的角色扮演。

❏ 給予完整的背景需求資訊。

❏ 補充說明輸出的內容與格式。

簡單提示

　　最簡單的提示是只提供任務的描述，它可以是一個問題或是故事的開頭。若我們的提示越清楚，ChatGPT 就越容易理解接下來應該發生什麼。簡單提示使用範例，如圖 8-5 所示。

STEP/ **01** 提示：「你是一個 Python 程式設計師。」

STEP/ **02** 完成：「是的，我是一個基於 GPT-3.5 架構訓練的語言模型，可以提供 Python 程式設計方面的幫助和資訊。有什麼問題或需求我可以幫助您處理嗎？」

STEP/ **03** 提示：「如何將 Python 程式打包成 exe。」

STEP/ **04** 完成：「將 Python 程式打包成 .exe 檔案，通常使用 PyInstaller 或 cx_Freeze 等工具來實現。以下是使用 PyInstaller 的步驟…」

Default (GPT-3.5)

JD　你是一個**Python**程式設計師

🟢　是的，我是一個基於**GPT-3.5**架構訓練的語言模型，可以提供**Python**程式設計方面的幫助和資訊。有什麼問題或需求我可以幫助您處理嗎？

JD　如何將**Python**程式打包成**exe**

🟢　將**Python**程式打包成**.exe**檔案通常使用**PyInstaller**或**cx_Freeze**等工具來實現。以下是使用 **PyInstaller**的步驟：

　　1. 安裝**PyInstaller**：首先，確保您已安裝**Python**。然後，打開終端或命令提示字元，使用**pip**來安裝**PyInstaller**：

```
pip install pyinstaller
```

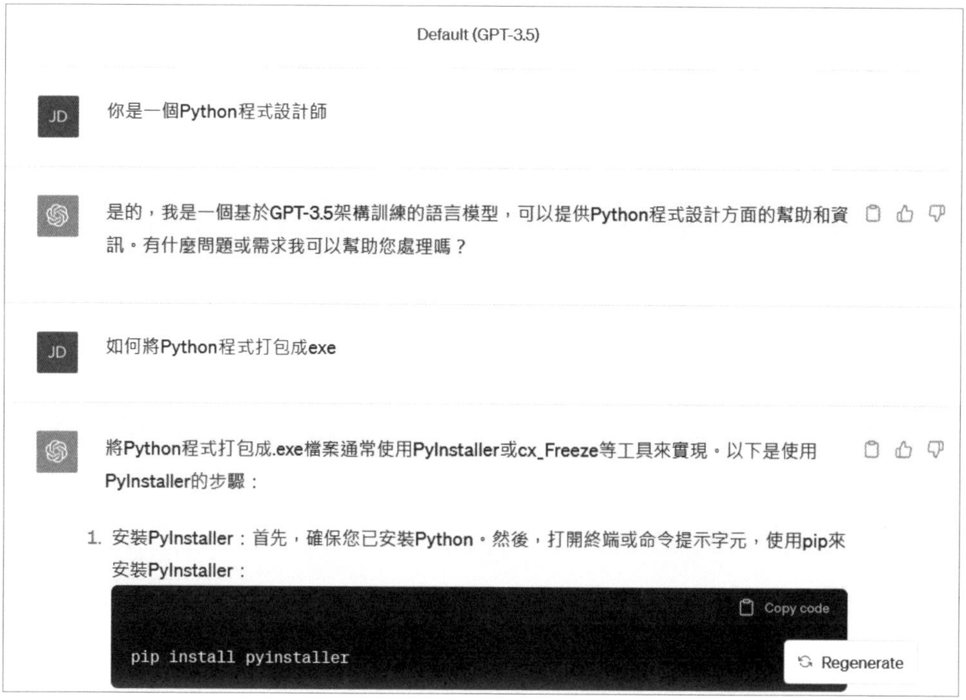

圖 8-5

在提示中提供示例

在提示中提供示例，讓 ChatGPT 可以學習如何以最好的方式來完成一個任務。每個對話最好只處理同一個任務，可以按「+ New Chat」按鈕來開始一個新的對話；若要輸入多行文字，可以在輸入時按下 Shift + Enter 鍵來輸入下一行文字。在提示中提供示例的範例，如圖 8-6 所示。

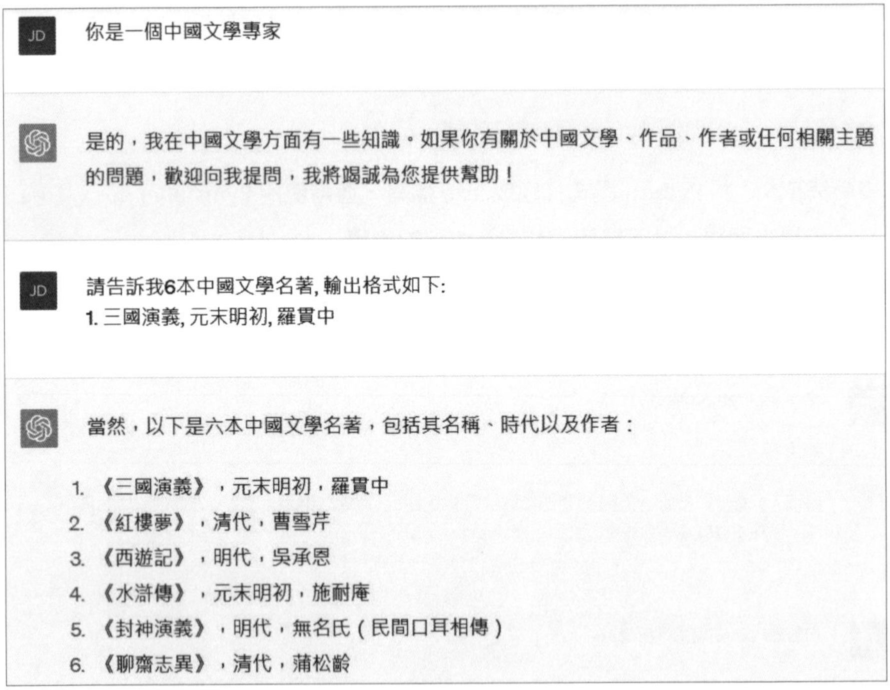

| JD | 你是一個中國文學專家 |

| 🟢 | 是的，我在中國文學方面有一些知識。如果你有關於中國文學、作品、作者或任何相關主題的問題，歡迎向我提問，我將竭誠為您提供幫助！ |

| JD | 請告訴我6本中國文學名著, 輸出格式如下:
1. 三國演義, 元末明初, 羅貫中 |

| 🟢 | 當然，以下是六本中國文學名著，包括其名稱、時代以及作者：

1. 《三國演義》，元末明初，羅貫中
2. 《紅樓夢》，清代，曹雪芹
3. 《西遊記》，明代，吳承恩
4. 《水滸傳》，元末明初，施耐庵
5. 《封神演義》，明代，無名氏（民間口耳相傳）
6. 《聊齋志異》，清代，蒲松齡 |

圖 8-6

 ## 長話短說

可以在提示中貼上一篇文章，並要求 ChatGPT 針對文章進行「長話短說」。使用範例如下：

STEP/ **01** 在提示中說明 ChatGPT 的角色。

你是電腦專家。

STEP/ **02**　ChatGPT 回傳訊息。

是的，我是一個基於人工智慧技術的語言模型，具有豐富的電腦知識。如果你有任何關於電腦科學、軟體開發、網路技術、資訊安全或其他相關領域的問題，歡迎隨時向我詢問。我會竭盡所能地回答你的問題。

STEP/ **03**　在提示中貼上文章。以下文章來自於維基百科中有關量子電腦的說明，但在最後我們加入「長話短說」的要求。

量子電腦（英語：Quantum computer）是一種使用量子邏輯進行通用計算的裝置。與電腦（或稱傳統電腦）不同，量子計算用來儲存數據的物件是量子位元，它用量子演算法來操作數據。馬約拉納費米子的反粒子就是它自己本身的屬性，或許是令量子電腦的製造變成現實的一個關鍵。量子電腦在輿論中有時被過度彩現成無所不能或速度快數億倍等，其實這種電腦是否強大，極其需要視問題而定。若該問題已經有提出速算的量子演算法，只是因於傳統電腦無法執行，那量子電腦確實能達到未有的高速；若是沒有發明演算法的問題，則量子電腦表現與傳統無異甚至更差。

請長話短說。

STEP/ **04**　ChatGPT 回傳訊息如下，其回答果然較為簡潔。

量子電腦是使用量子邏輯進行通用計算的裝置。它使用量子位元來儲存數據，並運用量子演算法進行操作。有人誇大了量子電腦的能力，但實際上它的優勢取決於是否有適合的量子演算法。有些問題量子電腦能夠極快地解決，因為有特殊的量子演算法支援；但對於沒有這種支援的問題，量子電腦的表現可能與傳統電腦無異、甚至更差。

 ## 年級總結

可以在提示中貼上一篇文章，並要求 ChatGPT 針對文章進行「年級總結」。使用範例如下：

STEP/ **01**　在提示中說明 ChatGPT 的角色。

你會說中文，是一個太空專家。

STEP/ **02**　ChatGPT 完成回答。

是的，我可以說中文。我是一個基於 GPT-3.5 架構訓練的語言模型，我具有廣泛的知識，包括太空領域的一些知識。如果你有關於太空的問題，歡迎向我提問！

STEP/ **03**　在提示中貼上一篇文章。以下文章來自於維基百科中有關銀河系的說明，但在最後我們加入「請用小學五年級學生可以理解的方式總結」的要求。

銀河星系（古稱銀河、天河、星河、天漢、銀漢等），是一個包含太陽系的棒旋星系，直徑介於 100,000 至 180,000 光年，大約擁有 1,000 億至 4,000 億顆恆星，並可能有 1,000 億顆行星。太陽系距離銀河中心約 24,000 至 28,000 光年，在有著濃密氣體和塵埃，被稱為獵戶臂的螺旋臂的內側邊緣。在太陽的位置，公轉週期大約是 2 億 4,000 萬年。從地球看，因為是從盤狀結構的內部向外觀看，因此銀河系呈現在天球上環繞一圈的帶狀。

銀河系中最古老的恆星幾乎和宇宙本身一樣古老，因此可能是在大爆炸之後不久的黑暗時期形成的。在核心約 10 京公里的範圍內的恆星形成核球，並有著一或多根棒從核球向外輻射。最中心處被標示為強烈的電波源，是一個超大質量黑洞，被命名為人馬座 A*。
在很大距離範圍內的恆星和氣體都以每秒大約 220 公里的速度在軌道上繞著銀河中心運行，這種恆定的速度違反了克卜勒動力學，因而認為銀河系中有大量不會輻射或吸收電磁輻射的質量，這些質量被稱為「暗物質」。

銀河系有幾個衛星星系，它們都是本星系群的成員，作為室女超星系團的一部分，而後者又是拉尼亞凱亞超星系團的組成部分。

請用小學五年級學生可以理解的方式總結。

STEP/ **04**　ChatGPT 的回答如下，回答內容果然較為容易理解。

銀河星系就像一個巨大的星星家族，其中包含了我們的太陽系。它像是一個旋轉的圓盤，大小相當於 10 到 18 萬個光年。銀河星系裡有很多恆星，大約有 1000 到 4000 億顆，還可能有 100 億顆行星。我們的太陽系位於銀河的邊緣，距離銀河中心約 2.4 到 2.8 萬光年，就像是一個大圓盤的一個小點點。

銀河星系的核心部分有很多古老的恆星，它們可能在宇宙大爆炸之後很早的時候就形成了。在核心附近，有一個被稱為人馬座 A* 的超大質量黑洞，它像是一個非常強大的電波來源。

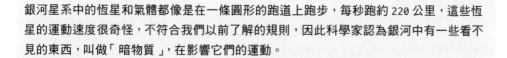

銀河星系中的恆星和氣體都像是在一條圓形的跑道上跑步,每秒跑約 220 公里,這些恆星的運動速度很奇怪,不符合我們以前了解的規則,因此科學家認為銀河中有一些看不見的東西,叫做「暗物質」,在影響它們的運動。

銀河星系還有一些小的星系陪伴著它,它們都像是星系大家庭的成員,屬於一個更大的星系團,所以銀河星系就像一個巨大的旋轉星星圓盤,裡面有很多恆星和一些神祕的東西,科學家們還在努力研究。

8.5 使用 Playground

OpenAI 的 Playground 頁面,可以讓我們利用簡單的介面,測試 ChatGPT 所能提供的功能與參數。要進入 Playground,步驟如下:

STEP/ **01** 登入 OpenAI 後,點選「API」選項。

STEP/ **02** 點選上方的「Playground」選單,即可進入 Playground,如圖 8-7 所示。

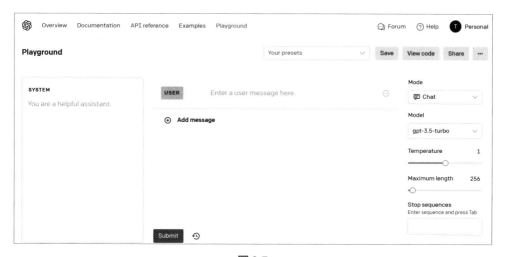

圖 8-7

設定參數

圖 8-7 的右邊提供了 ChatGPT 可以設定的參數，說明如下：

表 8-1　ChatGPT 可以設定的參數

設定選項	功能
Mode	模式，預設為 Chat 模式，可進行聊天對答。
Model	使用的語言模型，預設為 GPT-3.5-turbo，是 GPT-3.5 的改良版，針對聊天進行了優化。
Temperature	控制結果的隨機性。
Maxmum length	完成時將包含多少長度的文字。
Stop sequences	結束完成的字元序列。
Top P	另一種替代 Temperature 的設定，可用來控制隨機性。
Frequency penalty	降低模型逐字重複同一行的可能性。
Presence penalty	增加模型談論新話題的可能性。

使用 Playground

使用 playground 的步驟如下：

STEP/ **01**　在圖 8-7 的「system」處輸入 ChatGPT 的角色。

STEP/ **02**　在「USER」處輸入提示，按下「Submit」按鈕後，即可看到 ChatGPT 回傳的回答。

STEP/ **03**　按「Add message」，可再次進行對話。

STEP/ **04**　可調整設定參數值，並查看最後生成的文字內容是否有所不同。使用 Playground 的示例，如圖 8-8 所示。

SYSTEM	USER	請列出對首次購屋者的建議
你是最懂生活的購屋專家		
	ASSISTANT	作為生活的購屋專家，我會建議首次購屋者注意以下事項： 1. 制定預算：在開始尋找房屋前，先確定自己的預算範圍，包括購房價格、頭期款、貸款利率和每月供款的承受能力等。 2. 選擇適合的地點：考慮生活方式、工作地點、學校和社區設施等因素，選擇適合自己的房屋所在地，並考慮交通便利性和未來升值潛力。

Submit　↺　　　　　⚑ Give us feedback

圖 8-8

M • E • M • O

09

OpenAI Chat API

9.1 本章提要

OpenAI Chat API 是一個自然語言處理工具，可以用來開發應用和服務，使開發者能夠建立智慧對話機器人。它使用了 OpenAI 最先進的語言模型，可以完成多種不同的任務，如回答問題、提供建議、翻譯文字等。

OpenAI Chat API 採用了 GPT-3.5-turbo 模型，該模型使用了大量的訓練數據，可以對輸入的文字進行理解和生成相應的回應，開發者可以透過 API 將自己的應用程式連接到 OpenAI 的模型，傳遞文字給 API，然後獲得模型回傳的回答。

9.2 openai 套件

OpenAI 提供了 openai 套件，讓我們可以透過 HTTP request 來與 OpenAI API 進行互動。使用 openai 套件的步驟如下：

STEP/ **01** 安裝 openai 套件。

```
$ pip  install  openai
```

STEP/ **02** 要使用 openai 套件，則需要匯入此套件。

```
import  openai
```

STEP/ **03** 使用 OpenAI API 時，需要使用 API 密鑰進行身分驗證。

在第 8 章中，我們在 OpenAI 官網進行註冊時，同時也建立了 API 密鑰，請妥善保管此密鑰，不要與他人共享，也不要在任何客戶端的瀏覽器或應用程式中公開此密鑰。

9.3 decouple 套件

python-decouple 是一個很不錯的套件，使用此套件，可以協助將設定參數與程式碼進行分離，這對我們在程式碼中保密 API 密鑰很有幫助。使用 decouple 套件的步驟如下：

STEP/ **01** 安裝 decouple 套件。

```
$ pip  install  python-decouple
```

STEP/ **02** 建立「.env」檔案，用來保存我們的 API 密鑰。

STEP/ **03** 開啟「.env」檔案，輸入下列內容：

```
OPENAI_API_KEY = " 你的密鑰 "
```

STEP/ **04** 從 decouple 套件匯入 config 模組。

```
from decouple import config
```

STEP/ **05** 若要取出「.env」檔案中的 OPENAI_API_KEY，敘述如下：

```
openai.api_key=config('OPENAI_API_KEY')
```

9.4 使用 Chat API

Chat API 是聊天 API，當我們給定包含對話的訊息列表時，將獲得模型回傳的回答。使用 Chat API 的步驟如下：

STEP/ **01** 呼叫 ChatCompletion.create() API，使用範例如下：

```python
response = openai.ChatCompletion.create(
    model="gpt-3.5-turbo",
    messages=[
        {"role": "system", "content": "You are a helpful assistant."},
        {"role": "user", "content": "Who won the world cup in 2018?"},
        {"role": "assistant", "content": "The French national team won the FIFA
World Cup in 2018."},
        {"role": "user", "content": "Where was it played?"}
    ]
)
```

說明

❑ model：使用的模型，此處為 gpt-3.5-turbo。

❑ messages：對話列表，類型為物件串列，每個物件都有一個角色，角色可為 system、user、assistant；對話可以是一條訊息，也可以是多條訊息。通常，對話首先由 system 角色開始，接著是交替的 user 及 assistant 訊息；使用 system 角色訊息有助於設置 assistant 的行為，但這是一個選項，若沒有設置 system 角色，則會將 system 角色的 content 設為通用的描述，例如：「You are a helpful assistant」。

❑ 若對話中會引用之前的提示訊息時，例如：user 角色的 conent：「Where was it played?」，則 messages 中必須包含歷史對話紀錄，有了歷史對話紀錄，模型才能回傳正確的回答。

STEP/ **02** Chat API 完成回應的格式為 json，示例如下：

```json
{
  "id": "chatcmpl-83wTEDBJsIar6SS2iZgBJXV1EhKW9",
  "object": "chat.completion",
  "created": 1695950436,
  "model": "gpt-3.5-turbo-0613",
  "choices": [
    {
      "index": 0,
      "message": {
```

```
    "role": "assistant",
    "content": "The 2018 World Cup was played in Russia."
    },
    "finish_reason": "stop"
  }
],
"usage": {
  "prompt_tokens": 54,
  "completion_tokens": 11,
  "total_tokens": 65
}
}
```

STEP/ **03** 在回傳的 json 中，「choices」索引的值是串列，index 為 0 的「message」索
引的值，內含回傳的回答訊息，其中的「content」索引的值，才是我們真正
想要的回答，所以若要取出正確的回答，敘述如下：

```
response['choices'][0]['message']['content']
```

9.5 簡易聊天程式

　　有了 9.4 小節使用 Chat API 的相關知識後，我們就可以使用 Python 設計一個簡單
的聊天程式。

範例 9-1

❏ 使用 Chat API 設計簡易聊天程式。

❏ 提示訊息為：「台北哪裡最好玩？」

```
import openai
from decouple import config
```

```
openai.api_key=config('OPENAI_API_KEY')

completion = openai.ChatCompletion.create(
  model="gpt-3.5-turbo",
  messages=[
    {"role": "system", "content": " 你會說中文，是聰明的助理 "},
    {"role": "user", "content": " 台北哪裡最好玩 ?"}
  ]
)

response=completion.choices[0].message.content
print(response)
```

執行結果

台北有很多好玩的地方，以下是幾個推薦給你的：

1. 臺北 101：台北市的地標建築，可以搭乘高速電梯到觀景台，欣賞台北市的美景。

2. 士林夜市：臺北最有名的夜市之一，可以品嚐到各種台灣美食，包括臭豆腐、炸雞排、大腸包小腸等等。

…

9.6 具對話紀錄的聊天程式

在 9.4 小節中，曾說明：若對話中會引用之前的訊息時，則 Chat API 的 messages 中包含歷史對話紀錄非常重要。在本節中，我們將擴展範例 9-1 的程式，使用串列來儲存歷史對話紀錄。

使用串列儲存歷史對話紀錄的步驟如下：

STEP/ **01** 宣告串列 hist，用來記錄歷史對話紀錄，並設定 hist 的長度。

```
hist=[]
hist_len=4
```

STEP/ **02** 定義 ask_hist() 函式，將 user 提示訊息新增至 hist 串列中。

```
def ask_hist(user_msg):
    while len(hist) >= hist_len:
        hist.pop(0)
    hist.append({"role":"user", "content": user_msg})
```

STEP/ **03** 定義 reply_hist() 函式，將 Chat API 回傳的回答，新增至 hist 串列中。

```
def reply_hist(reply_msg):
    while len(hist) >= hist_len:
        hist.pop(0)
    hist.append({"role":"assistant", "content": reply_msg})
```

範例 9-2

❏ 可記錄歷史對話紀錄的簡易聊天程式。

❏ 使用 input() 函式，讓使用者自行輸入提示訊息，輸入「quit」可離開程式。

```
import openai
from decouple import config

openai.api_key=config('OPENAI_API_KEY')

hist=[]
hist_len=4

def ask_hist(user_msg):
    while len(hist) >= hist_len:
        hist.pop(0)
```

```python
        hist.append({"role":"user", "content": user_msg})


def reply_hist(reply_msg):
    while len(hist) >= hist_len:
        hist.pop(0)
    hist.append({"role":"assistant", "content": reply_msg})


def ask_gpt(messages):
    try:
        response = openai.ChatCompletion.create(
            model="gpt-3.5-turbo",
            messages= messages
        )
        reply=response['choices'][0]['message']['content']
    except Exception as e:
        reply=f"Error:{e.error.messages}"
    return reply


def main():
    print(" 簡易聊天程式 , 輸入 'quit' 離開 ")
    hist.append({"role":"system", "content": " 你會說中文 , 是聰明的助理 "})
    msg=""
    while True:
        msg = input("User: ")
        ask_hist(msg)
        if msg.lower() == "quit" : break
        reply=ask_gpt(hist)
        reply_hist(reply)
        print(f"AI: {reply}\n")


if __name__ == "__main__":
    main()
```

執行結果

簡易聊天程式，輸入 'quit' 離開
User: 列出 2000 年至 2018 年 World Cup 的冠軍
AI: 以下是 2000 年至 2018 年間 FIFA 世界杯足球賽的冠軍列表：

2002 年 - 巴西
2006 年 - 意大利
2010 年 - 西班牙
2014 年 - 德國
2018 年 - 法國

User: 2018 至 2020 年的 MLB 呢
AI: 請注意，Major League Baseball(MLB)的賽季是按年份命名的，因此這裡是 2018 年至 2020 年的冠軍列表：

2018 年 - 波士頓紅襪隊(Boston Red Sox)
2019 年 - 華盛頓國民隊(Washington Nationals)
2020 年 - 洛杉磯道奇隊(Los Angeles Dodgers)

在執行結果中，User 的提示：「2018 至 2020 年的 MLB 呢」，由於有歷史對話紀錄，所以 OpenAI 知道我們問的是：「2018 至 2020 年的 MLB 的冠軍是誰」。

9.7　具串流輸出的聊天程式

在範例 9-1 中，我們使用 Chat API 時，都要等到模型生成訊息完成，才可以看到回傳的結果，而在等待時完全沒有反應，所以不是一個理想的運作方式。為了改進運作的效能，Chat API 提供了 stream 參數，可以讓我們以串流方式循序取得已生成的片段結果，所以在本節中我們將擴展範例 9-2 的程式，讓 Chap API 回傳串流的回答訊息。

使用具串流輸出的 Chat API 的步驟如下：

STEP/ **01** 在 Chat API 中加入 stream 參數。

```
responses = openai.ChatCompletion.create(
  model="gpt-3.5-turbo",
  messages=[
    {"role": "system", "content": " 你會說中文，是聰明的助理 "},
    {"role": "user", "content": " 台北哪裡最好玩 ?"}
  ],
  stream = True
)
```

STEP/ **02** 觀察二筆串流輸出。

```
i=1
for resp in responses:
    if i==3:
        break
    print(resp)
    i += 1
```

執行結果

```
{
  "id": "chatcmpl-7uxDLZXkMD6gVE9oSuJzOv5AIurp8",
  "object": "chat.completion.chunk",
  "created": 1693808343,
  "model": "gpt-3.5-turbo-0613",
  "choices": [
    {
      "index": 0,
      "delta": {
        "role": "assistant",
        "content": ""
      },
      "finish_reason": null
    }
```

```
  ]
}
{
  "id": "chatcmpl-7uxDLZXkMD6gVE9oSuJzOv5AIurp8",
  "object": "chat.completion.chunk",
  "created": 1693808343,
  "model": "gpt-3.5-turbo-0613",
  "choices": [
    {
      "index": 0,
      "delta": {
        "content": "\u53f0"
      },
      "finish_reason": null
    }
  ]
}
```

我們發現 resp['choices'][0]['delta']['content'] 的值，才是我們想要的串流輸出結果。

範例 9-3

❏ 修改範例 9-1，以具串流輸出的 Chat API 來設計簡易聊天程式。

```python
import openai
from decouple import config

openai.api_key=config('OPENAI_API_KEY')

responses = openai.ChatCompletion.create(
  model="gpt-3.5-turbo",
  messages=[
    {"role": "system", "content": " 你會說中文，是聰明的助理 "},
    {"role": "user", "content": " 台北哪裡最好玩 ?"}
  ],
  stream = True
```

```
)

for resp in responses:
    if 'content' in resp['choices'][0]['delta']:
        print(resp['choices'][0]['delta']['content'], end="")
```

執行結果

台北有許多值得一遊的景點和活動。以下是一些你可能會感興趣的地方：
....

我們發現了使用具串流輸出的 Chat API 來設計的聊天程式，可讓使用者有較好的互動體驗。

9.8 可儲存對話紀錄的串流聊天程式

我們可以整合範例 9-3 的程式來修改範例 9-2 的程式，使其成為一款可儲存對話紀錄的串流聊天程式。修改步驟如下：

STEP/ **01** 定義 ask_gtp() 函式，將 Chat API 的串流輸出，以 yield 回傳，使其成為生成器函式。

```
def ask_gpt(messages):
    try:
        responses = openai.ChatCompletion.create(
            model="gpt-3.5-turbo",
            messages= messages,
            stream=True
        )
        for resp in responses:
            if 'content' in resp['choices'][0]['delta']:
                yield resp['choices'][0]['delta']['content']
```

```
    except Exception as e:
        print(f"Error:{e.error.messages}")
```

STEP/ **02** 在主程式中，我們以 for 迴圈來顯示生成器 ask_gpt() 回傳的訊息。

```
for resp in ask_gpt(hist):
    print(resp, end="")
```

範例 9-4

❑ 修改範例 9-2，使其成為可儲存對話紀錄的串流聊天程式。

```
import openai
from decouple import config

openai.api_key=config('OPENAI_API_KEY')

hist=[]
hist_len=4

def ask_hist(user_msg):
    while len(hist) >= hist_len:
        hist.pop(0)
    hist.append({"role":"user", "content": user_msg})

def reply_hist(reply_msg):
    while len(hist) >= hist_len:
        hist.pop(0)
    hist.append({"role":"assistant", "content": reply_msg})

def ask_gpt(messages):
    try:
        responses = openai.ChatCompletion.create(
            model="gpt-3.5-turbo",
            messages= messages,
```

```python
            stream=True
        )
        for resp in responses:
            if 'content' in resp['choices'][0]['delta']:
                yield resp['choices'][0]['delta']['content']
    except Exception as e:
        print(f"Error:{e.error.messages}")


def main():
    print(" 具對話紀錄串流聊天程式，輸入 'quit' 離開 ")
    hist.append({"role":"system", "content": " 你會說中文，是聰明的助理 "})
    msg=""
    while True:
        msg = input("User: ")
        ask_hist(msg)
        if msg.lower() == "quit" : break
        reply_list=[]
        print("AI: ", end="")
        for resp in ask_gpt(hist):
            print(resp, end="")
            reply_list.append(resp)
        print("")
        reply="".join(reply_list)
        reply_hist(reply)


if __name__ == "__main__":
    main()
```

執行結果

```
具對話紀錄串流聊天程式，輸入 'quit' 離開
User: 獅子是貓科還是犬科動物？
AI: 獅子是貓科動物。
User: 大象呢？
AI: 大象是象科動物。
User: quit
```

9.9 以 JSON 儲存對話紀錄

在範例 9-4 中，我們將對話紀錄儲存在串列 List 中，程式結束後就不見了。在本小節中，我們要以 JSON 儲存對話紀錄，將對話紀錄以 JSON 格式儲存成 json 檔。修改步驟如下：

STEP/ **01** 定義 json 檔案的路徑及檔名，此檔案將用來儲存對話紀錄。

```
file_name="d:/openai_book/chap09/hist_data.json"
```

STEP/ **02** 定義 rest_hist() 函式，可將 json 檔案的內容清空。

```
def reset_hist():
    open(file_name, "w")
```

STEP/ **03** 定義 get_hist() 函式，可取得 json 檔案內容，最多取出最新的五筆對話紀錄，並將取出的內容儲存至串列 hist 中。

```
def get_hist():
    hist=[]
    hist.append({"role":"system", "content": " 你會說中文，是聰明的助理 "})
    try:
        with open(file_name) as f:
            data = json.load(f)
            if data:
                if len(data) < 5:
                    for item in data:
                        hist.append(item)
                else:
                    for item in data[-5:]:
                        hist.append(item)
            else:
                return hist
    except Exception as e:
```

```
        pass
    return hist
```

STEP/ **04** 定義 save_hist() 函式，可將使用者輸入的提示及 Chat API 回答的內容儲存至 json 檔案中。

```
def save_hist(user_msg, reply_msg):
    hist = get_hist()[1:]
    hist.append({"role":"user", "content": user_msg})
    hist.append({"role":"assistant", "content": reply_msg})
    with open(file_name, "w", encoding="utf-8") as f:
        json.dump(hist,f)
```

範例 9-5

❏ 修改範例 9-4，設計一款以 JSON 儲存對話紀錄的聊天程式。

❏ 使用者輸入「quit」後，可以印出對話歷史。

```
import openai
from decouple import config
import json

openai.api_key=config('OPENAI_API_KEY')
file_name="chap09/hist_data.json"

def reset_hist():
    open(file_name, "w")

def get_hist():
    hist=[]
    hist.append({"role":"system", "content": " 你會說中文，是聰明的助理 "})
    try:
        with open(file_name) as f:
            data = json.load(f)
            if data:
```

```
                    if len(data) < 5:
                        for item in data:
                            hist.append(item)
                    else:
                        for item in data[-5:]:
                            hist.append(item)
                else:
                    return hist
        except Exception as e:
            pass
        return hist

def save_hist(user_msg, reply_msg):
    hist = get_hist()[1:]
    hist.append({"role":"user", "content": user_msg})
    hist.append({"role":"assistant", "content": reply_msg})
    with open(file_name, "w", encoding="utf-8") as f:
        json.dump(hist,f)

def ask_gpt(user_msg):
    hist=get_hist()
    hist.append({"role":"user", "content": user_msg})
    try:
        responses = openai.ChatCompletion.create(
            model="gpt-3.5-turbo",
            messages= hist,
            stream=True
        )
        for resp in responses:
            if 'content' in resp['choices'][0]['delta']:
                yield resp['choices'][0]['delta']['content']
    except Exception as e:
        print(f"Error:{e.error.messages}")

def main():
    reset_hist()  # 清空 json 檔案內容
    print(" 具對話紀錄串流聊天程式 , 輸入 'quit' 離開 ")
```

```
    while True:
        user_msg = input("User: ")
        if user_msg.lower() == "quit" : break
        reply_list=[]
        print("AI: ", end="")
        for resp in ask_gpt(user_msg):
            print(resp, end="")
            reply_list.append(resp)
        print("")
        reply_msg="".join(reply_list)
        save_hist(user_msg, reply_msg)   # 將對話內容儲存至 json 檔案中

    print("\n 對話歷史如下：")
    hist=get_hist()[1:]
    print(hist)


if __name__ == "__main__":
    main()
```

執行結果

具對話紀錄串流聊天程式，輸入 'quit' 離開
User: 獅子是貓科動物嗎？
AI: 是的，獅子屬於貓科動物，和其他貓科動物（如豹、虎、豹貓等）有著相似的特徵和親緣關係。
User: 兔子是那一科？
AI: 兔子不屬於貓科，它屬於兔科（Mustelidae），兔科是一個包含許多種類的貓熊獾科動物。兔子是兔兔一類的典型兔科動物，它們通常具有長身軀和長尾巴，善於游泳和潛水。
User: quit

對話歷史如下：
[{'role': 'user', 'content': ' 獅子是貓科動物嗎 ?'}, {'role': 'assistant', 'content': ' 是的，獅子屬於貓科動物，和其他貓科動物（如豹、虎、豹貓等）有著相似的特徵和親緣關係。'}, {'role': 'user', 'content': ' 兔子是那一科 ?'}, {'role': 'assistant', 'content': ' 兔子不屬於貓科，它屬於兔科（Mustelidae），兔科是一個包含許多種類的貓熊獾科動物。兔子是兔兔一類的典型兔科動物，它們通常具有長身軀和長尾巴，善於游泳和潛水。'}]

10

非同步GUI版聊天程式

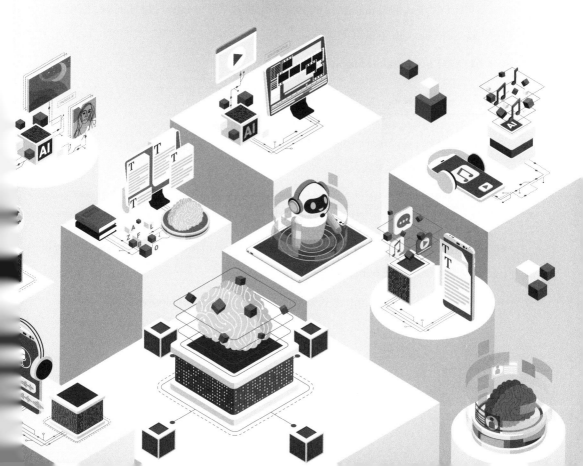

10.1 本章提要

在第 9 章中，我們設計的聊天程式在 cmd 視窗上執行，屬於文字型聊天程式，而在本章中，我們將結合第 6 章非同步 I/O、第 7 章 tkinter 程式及第 9 章的程式範例，來設計一款非同步 GUI 版的聊天程式。

10.2 tkinter 執行非同步 I/O

爲了讓 tkinter 可以執行非同步 I/O，我們需要安裝 async-tkinter-loop 套件，此套件是非同步實現 tkinter mainloop 的套件，可讓我們在 tkinter 中使用 async 協程函式。使用 async-tkinter-loop 套件的步驟如下：

STEP/ **01** 安裝 async-tkinter-loop 套件。

```
pip install async-tkinter-loop
```

STEP/ **02** 要使用 async-tkinter-loop 套件，須先匯入套件中的 async_handler() 及 async_mainloop() 函式。

```
from async_tkinter_loop import async_handler, async_mainloop
```

STEP/ **03** 在 tkinter Button 控制元件（widget）的 command 選項，使用 async_handler() 函式，可以在 tkinter 中執行協程函式。

STEP/ **04** 以 asycn_mainloop() 函式來取代 tkinter 原本的 mainloop() 函式。

範例 10-1

❏ 定義協程 counter() 計數器，每隔 1 秒會遞增計數值，計數至 10 後停止計數。

❏ 使用 async-tkinter-loop 套件，非同步實現 tkinter 視窗程式。

❏ 按一下 Button 控制元件，會執行協程 counter() 函式。

```python
import asyncio
import tkinter as tk
from tkinter import ttk
from async_tkinter_loop import async_handler, async_mainloop

async def counter():
    i = 0
    while True:
        i += 1
        if i==11:
            break
        label.config(text=str(i))
        await asyncio.sleep(1.0)


root = tk.Tk()
root.title("async tkinter demo")
root.geometry('320x200+100+100')

label = ttk.Label(root)
label.pack(padx=10, pady=10)

btn = tk.Button(root, text="Start", width=10,command=async_handler(counter))
btn.pack(padx=10, pady=10)

async_mainloop(root)
```

執行結果

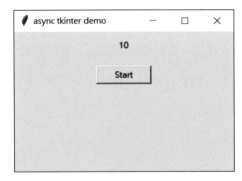

圖 10-1

10.3 協程中執行執行緒

若我們要在協程中執行耗時的 I/O-bound 任務，會造成非同步事件循環阻塞，此時我們可在協程中建立執行緒來執行耗時的 I/O-bound 任務。

Python 的 asyncio.to_thread() 函式，可以讓我們在協程中建立另一個執行緒來執行耗時的 I/O-bound 任務，語法如下：

```
asyncio.to_thread(func, /, *args, **kwargs)
```

其中，func 為我們要處理的耗時 I/O-bound 函式，而向 to_thread() 函式提供的任何參數，包含 *args 及 **kwargs 參數，都會直接傳遞給 func 函式。此函式會回傳一個協程，此協程可被等待，以取得 func 函式的最終結果。

使用 async.to_thread() 的步驟如下：

STEP/ **01** 定義處理耗時 I/O-bound 函式。如以下範例的 blocking_io() 函式，我們以 time.sleep(3) 來模擬耗時的 I/O 工作。

```
def blocking_io():
    print(f"start blocking_io at {time.strftime('%X')}")
```

```
time.sleep(3)
print(f"blocking_io complete at {time.strftime('%X')}")
```

STEP/ **02** 要使用 asyncio.to_thread() 執行 blocking_io() 函式，語法如下：

```
await asyncio.to_thread(block_io)
```

範例 10-2

❏ 定義 blocking_io(msg) 函式，以 time.sleep(3) 模擬耗時的 I/O 工作，3 秒後印出
  msg 字串。

❏ 定義協程 say(delay, msg) 函式，會等待 delay 秒後，印出 msg 字串。

❏ 主程式中建立三個 task，其中第三個 task 以 asyncio.to_thread(block, msg) 建立。

```
import asyncio
from time import sleep, perf_counter

def blocking_io(msg):
    sleep(3)
    print(f"{msg}, blocking_io finish.")

async def say(delay,msg):
    await asyncio.sleep(delay)
    print(msg)

async def main():
    start = perf_counter()
    tasks=[]
    task1=asyncio.create_task(say(1,"Good"))
    task2=asyncio.create_task(say(2,"Morning"))
    task3= asyncio.to_thread(blocking_io, "Hello World")
    tasks.append(task1)
    tasks.append(task2)
    tasks.append(task3)
```

```
    await asyncio.gather(*tasks)

    elapsed = perf_counter() - start
    print(f"elapsed: {elapsed:.2f} sec")

asyncio.run(main())
```

執行結果

執行三個 task 的時間為 3.01 秒。

```
Good
Morning
Hello World, blocking_io finish.
elapsed: 3.01 sec
```

10.4 設計非同步 GUI 版聊天程式

有了範例 10-1 及 10-2 的程式知識，再結合第 6 章非同步 I/O、第 7 章 tkinter 程式及第 9 章的程式範例，我們終於可以設計非同步 GUI 版的聊天程式。

範例 10-3

❏ 在 tkinter 視窗中，設定視窗的寬為 900、高為 600，且視窗置中顯示。

❏ 配置二個 ScrolledText 控制元件，此控制元件是預設含捲軸的 Text 控制元件。一個 ScrolledText 控制元件用來作為提示訊息的輸入，另一個 ScrolledText 控制元件用來顯示 Chat API 回傳的串流回答訊息。

❏ 配置四個 Button 控制元件，分別是「提交」、「清除」、「新對話」及「載入對話歷史」按鈕。

❏ 設定 json 檔案路徑爲「d:/openai_book/chap10/hist_data.json」；hist_data.json 用來儲存歷史對話紀錄。

❏ 定義 reset_hist() 函式，用來清除 hist_data.json 檔案內容。

❏ 定義 get_hist() 函式，用來取得 hist_data.json 的前五筆紀錄。

❏ 定義 save_hist() 函式，用來將使用者提示訊息及 ChatGPT 回答的訊息，儲存至 hist_data.json。

❏ 定義 load_hist() 函式，用來取出全部的對話記錄，並整理成 msg 字串，此字串將會用來顯示在視窗的 ScrolledText 控制元件中。

❏ 定義協程 ask_gpt()，取出 hist_data.json 前五筆紀錄，加上目前使用者輸入的訊息，以 asyncio.to_thread() 函式呼叫 ChatGPT API，並以串流形式，回傳 ChatGPT 回答的訊息。

❏ 定義協程 on_submit()，當使用者按下視窗的「提交」按鈕後，會非同步執行此協程函式。

❏ 定義 on_clear() 函式，當按下「清除」按鈕後，會執行此函式，清除二個 ScrolledText 控制元件的內容。

❏ 定義 on_new() 函式，當按下「新對話」按鈕後，會執行此函式，清除二個 ScrolledText 控制元件的內容，並清除 hist_data.json 檔案內容。

❏ 定義協程 on_load() 函式，當按下「載入對話歷史」按鈕後，會非同步執行此協程。

```python
import tkinter as tk
from tkinter import ttk, font
from tkinter.scrolledtext import ScrolledText
import openai
import asyncio
import json
from async_tkinter_loop import async_handler, async_mainloop
from decouple import config

openai.api_key=config('OPENAI_API_KEY')
file_name="chap10/hist_data.json"
```

```python
def reset_hist():
    open(file_name, "w")

def get_hist():
    hist=[]
    hist.append({"role":"system", "content": " 你會說中文，是聰明的助理 "})
    try:
        with open(file_name) as f:
            data = json.load(f)
            if data:
                if len(data) < 5:
                    for item in data:
                        hist.append(item)
                else:
                    for item in data[-5:]:
                        hist.append(item)
            else:
                return hist
    except Exception as e:
        pass
    return hist

def save_hist(user_msg, reply_msg):
    hist = get_hist()[1:]
    hist.append({"role":"user", "content": user_msg})
    hist.append({"role":"assistant", "content": reply_msg})
    with open(file_name, "w", encoding="utf-8") as f:
        json.dump(hist,f)

def load_hist():
    mess=""
    try:
        with open(file_name) as f:
            data = json.load(f)
            for item in data:
                role=item['role']
                content=item['content']
```

```python
            mess += f"{role} :\n {content}\n\n"
    except Exception as e:
        pass
    return mess


async def ask_gpt(user_msg):
    hist=get_hist()
    hist.append({"role":"user", "content": user_msg})
    try:
        responses = await asyncio.to_thread(
        openai.ChatCompletion.create,
        model="gpt-3.5-turbo",
        messages= hist,
        stream=True)
        for resp in responses:
            if 'content' in resp['choices'][0]['delta']:
                yield resp['choices'][0]['delta']['content']
    except Exception as e:
        yield str(e)


async def on_submit():
    user_msg = text.get('1.0', tk.END)
    reply_list=[]
        result_text.config(state=tk.NORMAL)
        result_text.delete(1.0, tk.END)
    async for resp in ask_gpt(user_msg):
        result_text.insert(tk.END, resp)
        reply_list.append(resp)
        root.update()
    result_text.config(state=tk.DISABLED)
    reply_msg="".join(reply_list)
    save_hist(user_msg, reply_msg)


def on_clear():
    text.delete('1.0', tk.END)
    result_text.config(state=tk.NORMAL)
    result_text.delete(1.0, tk.END)
```

```python
        result_text.config(state=tk.DISABLED)

def on_new():
    on_clear()
    reset_hist()

async def on_load():
    on_clear()
    mess=await asyncio.to_thread(load_hist)
    result_text.config(state=tk.NORMAL)
    result_text.insert(1.0, mess)
    result_text.config(state=tk.DISABLED)


# 主視窗
root = tk.Tk()
root.title("OpenAI API 應用程式 ")


# 視窗位置置中
window_width=900
window_height=600
screen_width=root.winfo_screenwidth()
screen_height=root.winfo_screenheight()
center_x=int(screen_width/2-window_width/2)
center_y=int(screen_height/2-window_height/2)
root.geometry(f"{window_width}x{window_height}+{center_x}+{center_y}")


# 設定 ttk 控制元件字型
style=ttk.Style()
style.configure('.', font=(' 微軟正黑體 ', 12))


# 設定 tk 控制元件字型
myfont=font.Font(family=" 微軟正黑體 ", size=12)


# Label
lbl_prompt=ttk.Label(root, text=" 輸入提示 :")
lbl_prompt.grid(row=0, column=0, padx=10, pady=10, sticky=tk.W)
```

```python
# 提示輸入框
text = ScrolledText(root, height=5, width=100, font=myfont)
text.grid(row=5, column=0, padx=10, pady=10, sticky=tk.W+tk.E)


frame=ttk.Frame(root)
frame.grid(row=10, column=0)

# 提交按鈕
btn_submit = ttk.Button(frame, text=" 提交 ", width=15, command=async_handler
(on_submit))
btn_submit.pack(side='left', padx=10)

# 清除按鈕
btn_clear = ttk.Button(frame, text="清除 ", width=15, command=on_clear)
btn_clear.pack(side='left', padx=10)

# 新對話
btn_new = ttk.Button(frame, text=" 新對話 ", width=15,command=on_new)
btn_new.pack(side='left', padx=10)

# 載入對話歷史
btn_load = ttk.Button(frame, text=" 載入對話歷史 ", width=20,command=async_
handler(on_load))
btn_load.pack(side='left', padx=10)

# 增加完成顯示文字框
result_text = ScrolledText(root, wrap=tk.WORD,height=20, font=myfont)
result_text.config(state=tk.DISABLED)
result_text.grid(row=99, column=0, pady=10, padx=10, sticky=tk.E+tk.W)

root.rowconfigure(99,weight=1)
root.columnconfigure(0,weight=1)


async_mainloop(root)
```

執行結果

按下「新對話」按鈕，會清除 hist_data.json 檔案內容，並開始新的對話。

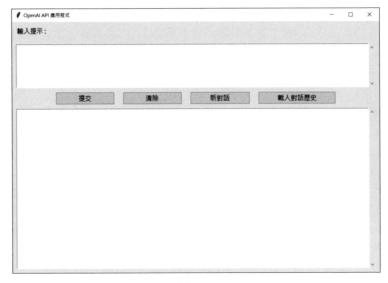

圖 10-2

輸入提示訊息後，按下「提交」按鈕，可將提問傳至 ChatGPT API，並以串流格式回傳 ChatGPT 的回答訊息，如圖 10-3 所示。

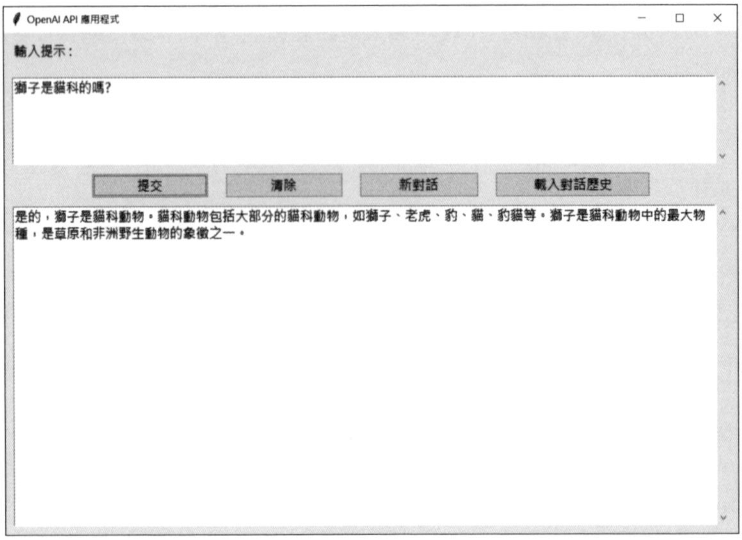

圖 10-3

按下「清除」按鈕，可繼續對話，如圖 10-4 所示。

圖 10-4

按下「載入對話歷史」按鈕，可看到之前的對話紀錄，如圖 10-5 所示。

圖 10-5

M • E • M • O

11

OpenAI Image API

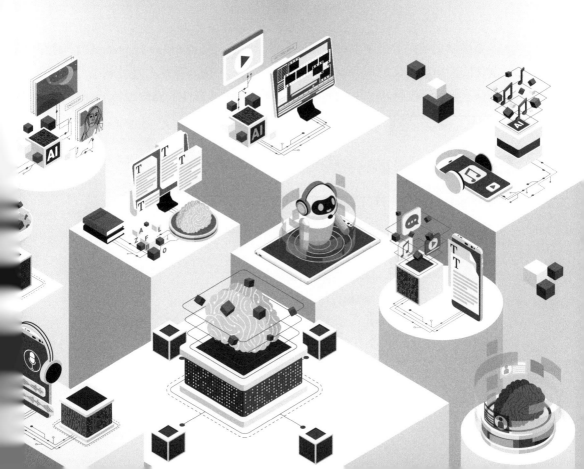

11.1 本章提要

OpenAI 的 Image API 可以使用 DALL·E 模型來產生或操作圖像，Image API 提供了三種與圖像互動的方法：

❑ 根據文字提示來產生新的圖像。

❑ 根據新的文字提示來對現有圖像進行編輯。

❑ 建立現有圖像的變形。

11.2 文字產生圖像

若要根據文字提示來產生新的圖像，可以使用 openai.Image.create() API，產生的圖像的大小可以為 256×256、512×512、1024×1024 像素，尺寸越小，生成速度越快。另外，我們可以在 API 中使用參數 n 來請求產生的圖像數目，n 的範圍為 1~10。

範例 11-1

❑ 使用 Image API，根據文字產生新的圖像。

```python
import openai
from decouple import config

openai.api_key=config('OPENAI_API_KEY')

response = openai.Image.create(
  prompt="Frogs and butterflies playing in the forest.",
  n=1,
  size="512x512"
```

```
)

image_url = response['data'][0]['url']
print(image_url)
```

執行結果

　　API 回應預設是圖像的 URL，需要將這個 URL 貼到瀏覽器的網址列，才可以看到生成的圖像，另外要注意的是「圖像生成後，傳回的 URL 的有效期限為 1 小時」。

```
https://oaidalleapiprodscus.blob.core.windows.net/private/org-opEx7IeZ2wiBujQC
VYEgk2QY/user-PLBoBarBvhwJjE829y28Aq2r/img-t3dMamHXauy4Yrv0HoZYrmK0.png?st=202
3-09-26T10%3A14%3A04Z&se=2023-09-26T12%3A14%3A04Z&sp=r&sv=2021-08-06&sr=b&rscd=
inline&rsct=image/png&skoid=6aaadede-4fb3-4698-a8f6-684d7786b067&sktid=a48cca56
-e6da-484e-a814-9c849652bcb3&skt=2023-09-25T23%3A47%3A18Z&ske=2023-09-26T23%3A4
7%3A18Z&sks=b&skv=2021-08-06&sig=R/oI3SwRsOMTa8UqxcWIwWHSBruSUfetP%2BhqqahH3GA
%3D
```

11.3 顯示圖像

　　在範例 11-1 中，使用 OpenAI Image API 預設生成的是圖像的 URL。要顯示圖像，我們需要安裝 Pillow 和 requests 套件，步驟如下：

STEP/ **01** 安裝 Pillow 和 requests 套件。

```
pip install Pillow
pip install requests
```

STEP/ **02** 發送 GET 請求，以獲取圖像的內容。

```
response = requests.get(image_url)
```

STEP/ **03** 使用 Pillow 套件的 Image 模組，將圖像內容轉換為 Image 物件。

```
image = Image.open(BytesIO(response.content))
```

STEP/ **04** 顯示圖像。

```
image.show()
```

STEP/ **05** 將圖像存檔成 PNG 格式。

```
file_name = "d:/openai_book/chap11/image.png"
image.save(file_name, "PNG")
print(f" 圖像已存檔為 {file_name}")
```

範例 11-2

❑ 定義 show_image() 函式，以 Pillow 及 requests 套件顯示 OpenAI Image API 生成的圖像，並將其存檔爲 PNG 格式的圖檔。

```
import openai
from decouple import config
import requests
from PIL import Image
from io import BytesIO

openai.api_key=config('OPENAI_API_KEY')
file_name="d:/openai_book/chap11/image.png"

def show_image(image_url):
    response = requests.get(image_url)
    image = Image.open(BytesIO(response.content))
    image.show()
    image.save(file_name, "PNG")
    print(f" 圖像已存檔為 {file_name}")
```

```
response = openai.Image.create(
  prompt="Frogs and butterflies playing in the forest.",
  n=1,
  size="512x512"
)
image_url = response['data'][0]['url']

print(image_url)
show_image(image_url)
```

執行結果

圖像已存檔為 d:/openai_book/chap11/image.png

顯示圖像，如圖 11-1 所示。

圖 11-1

11.4 圖像變形

若要建立現有圖像的變形，可以使用 openai.Image.create_variation() API。

範例 11-3

❑ 使用 OpenAI Image API，將「d:/openai_book/chap11/image.png」的圖像進行變形，並顯示變形圖像及將其存檔為「d:/openai_book/chap11/image2.png」。

```python
import openai
from decouple import config
import requests
from PIL import Image
from io import BytesIO

openai.api_key=config('OPENAI_API_KEY')
file_src="d:/openai_book/chap11/image.png"
file_dst = "d:/openai_book/chap11/image2.png"

def show_image(image_url):
    response = requests.get(image_url)
    image = Image.open(BytesIO(response.content))
    image.show()
    image.save(file_dst, "PNG")
    print(f" 圖像已存檔為 {file_dst}")

response = openai.Image.create_variation(
  image=open(file_src, "rb"),
  n=1,
  size="512x512"
)

image_url = response['data'][0]['url']
print(image_url)
show_image(image_url)
```

執行結果

顯示圖像，如圖 11-2 所示。

圖 11-2

11.5 GUI 版顯示圖像

現在我們以 tkinter 來設計 GUI 版的顯示圖像程式，而程式的重點是使用標籤 Label 的 image 選項來顯示圖像。

範例 11-4

❏ 定義 show_image() 函式，開啓「d:/openai_book/chap11/image.png」圖像，並將 圖像顯示在標籤 Label 中。

❏ 視窗中配置 Button 控制元件及 Label 控制元件。按一下 Button 控制元件，會執行 show_image() 函式。

```
import tkinter as tk
from tkinter import Label, Button
from PIL import Image, ImageTk


file_name="d:/openai_book/chap11/image.png"

# 顯示圖像
def show_image():
```

```
    img = Image.open(file_name)
    img = img.resize((300, 300))  # 調整圖像大小
    img = ImageTk.PhotoImage(img)

    # 在 Label 中顯示圖像
    image_label.config(image=img)
    image_label.image = img

# 建立視窗
root = tk.Tk()
root.title(" 顯示圖片 ")
root.geometry('400x400+300+100')

# 建立按鈕
show_button = Button(root, text=" 顯示圖像 ", command=show_image)
show_button.pack(padx=10, pady=10)

# 顯示圖像的 Label
image_label = Label(root)
image_label.pack(padx=10, pady=10)

root.mainloop()
```

執行結果

顯示圖像，如圖 11-3 所示。

圖 11-3

11.6 非同步 GUI 版文字生成圖像程式

　　有了範例 11-1 至範例 11-5 的程式知識，我們可以設計非同步 GUI 版文字生成圖像程式。

範例 11-5

❏ 定義 save_image() 函式，以 Pillow 及 requests 套件將 OpenAI Image API 生成的圖像，存檔為 PNG 格式的圖檔。

❏ 定義 openai_image() 函式，呼叫 OpenAI Image API，以文字生成圖像。

❏ 定義 openai_variation() 函式，呼叫 OpenAI Image API，將現有圖像進行變形。

❏ 以 tkinter 設計非同步 GUI 畫面。

```python
import openai
import tkinter as tk
from tkinter import ttk, font
from tkinter.scrolledtext import ScrolledText
from decouple import config
import asyncio
from async_tkinter_loop import async_handler, async_mainloop
import requests
from PIL import Image, ImageTk
from io import BytesIO
from time import perf_counter
from os.path import exists

openai.api_key=config('OPENAI_API_KEY')
file_src="d:/openai_book/chap11/image.png"
file_dst = "d:/openai_book/chap11/image2.png"


def save_image(image_url, file_name):
    response = requests.get(image_url)
```

```python
        image = Image.open(BytesIO(response.content))
        image.save(file_name, "PNG")
        print(f" 圖像已存檔為 {file_name}")


def openai_image(user_prompt):
    response = openai.Image.create(
        prompt=user_prompt,
        n=1,
        size="512x512"
    )
    image_url = response['data'][0]['url']
    print(image_url)
    save_image(image_url, file_src)


def openai_variation(file_src):
    response = openai.Image.create_variation(
        image=open(file_src, "rb"),
        n=1,
        size="512x512"
    )
    image_url = response['data'][0]['url']
    save_image(image_url, file_dst)


async def on_submit():
    start = perf_counter()
    user_msg=text.get('1.0',tk.END)

    if len(user_msg)==1:
        lbl_mess["text"]=" 請輸入提示 "
        return
    else:
        lbl_mess["text"]=" 圖像生成中 ..."

    #user_msg="Frogs and butterflies playing in the forest."

    await asyncio.to_thread(
```

```
        openai_image,
        user_msg)

    lbl_mess["text"]=" 圖像生成完成 ."
    show_image(file_src, pos=1)

    elapsed = perf_counter() - start
    print(f"elapsed: {elapsed:.2f} sec")

async def on_variation():
    start = perf_counter()
    print(file_src)
    if not exists(file_src):
        lbl_mess["text"]=" 圖像來源檔不存在 ."
        return
    else:
        lbl_mess["text"]=" 圖像變形中 ..."

    await asyncio.to_thread(
        openai_variation,
        file_src)

    lbl_mess["text"]=" 圖像變形完成 ."
    show_image(file_dst, pos=2)

    elapsed = perf_counter() - start
    print(f"elapsed: {elapsed:.2f} sec")

def on_clear():
    text.delete('1.0',tk.END)
    lbl_mess["text"]=""
    lbl_image["image"]=""
    lbl_image2["image"]=""

def show_image(file_name, pos):
    img = Image.open(file_name)
```

```python
        img = img.resize((300, 300))  # 調整圖片大小
        img = ImageTk.PhotoImage(img)

        if (pos==1):
            lbl_image.config(image=img)
            lbl_image.image = img
        elif (pos==2):
            lbl_image2.config(image=img)
            lbl_image2.image = img


# 主視窗
root = tk.Tk()
root.title("OpenAI API 應用程式 ")

# 視窗位置置中
window_width=900
window_height=550
screen_width=root.winfo_screenwidth()
screen_height=root.winfo_screenheight()
center_x=int(screen_width/2-window_width/2)
center_y=int(screen_height/2-window_height/2)
root.geometry(f"{window_width}x{window_height}+{center_x}+{center_y}")

# 設定 ttk 控制元件字型
style=ttk.Style()
style.configure('.', font=(' 微軟正黑體 ', 12))

# 設定 tk 控制元件字型
myfont=font.Font(family=" 微軟正黑體 ", size=12)

# Label
lbl_prompt=ttk.Label(root, text=" 輸入提示 :")
lbl_prompt.grid(row=0, column=0, columnspan=2, padx=10, pady=10, sticky=tk.W)

# 提示輸入框
text = ScrolledText(root, height=3, font=myfont)
```

```
text.grid(row=5, column=0, columnspan=2, padx=10, pady=10, sticky=tk.W+tk.E)


frame=ttk.Frame(root)
frame.grid(row=10, column=0, columnspan=2)


# 提交按鈕
btn_submit = ttk.Button(frame, text=" 提交 ", width=15, command=async_handler
(on_submit))
btn_submit.pack(side='left', padx=10)


# 清除按鈕
btn_clear = ttk.Button(frame, text=" 清除 ", width=15, command=on_clear)
btn_clear.pack(side='left', padx=10)


# 圖像變形鈕
btn_var = ttk.Button(frame, text=" 圖像變形 ", width=20,command=async_handler
(on_variation))
btn_var.pack(side='left', padx=10)


# 訊息
lbl_mess=ttk.Label(root, text=" 訊息 ", background='light yellow')
lbl_mess.grid(row=20, column=0, columnspan=2, padx=10, pady=10, sticky=tk.E+tk.W)


# 顯示圖像 _1
lbl_image=ttk.Label(root, width=32, background='snow3')
lbl_image.grid(row=99,column=0, padx=10, pady=10, sticky=tk.S+tk.N)


# 顯示圖像 _2
lbl_image2=ttk.Label(root, width=32, background='snow3')
lbl_image2.grid(row=99, column=1, padx=10, pady=10, sticky=tk.S+tk.N)


root.rowconfigure(99, weight=1)
root.columnconfigure(0, weight=1)
root.columnconfigure(1, weight=1)


async_mainloop(root)
```

執行結果

程式執行結果，如圖 11-4 所示。

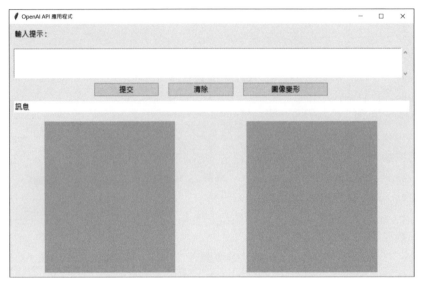

圖 11-4

輸入提示文字後，按下「提交」按鈕，即可生成及顯示圖像，如圖 11-5 所示。

圖 11-5

按下「圖像變形」按鈕，即可將原有圖像進行變形，並顯示在右邊的 Label 控制元件中，如圖 11-6 所示。

圖 11-6

在執行過程中，cmd 視窗會顯示一些訊息：

圖像已存檔為 d:/openai_book/chap11/image.png
elapsed: 9.43 sec
d:/openai_book/chap11/image.png
圖像已存檔為 d:/openai_book/chap11/image2.png
elapsed: 12.29 sec

M • E • M • O

12

OpenAI語音轉文字API

12.1 本章提要

OpenAI 的「Speech to text」（簡稱 STT）API 是一個將語音轉換為文字的服務，它使用了先進的深度學習技術，透過處理語音數據來識別和轉錄語音內容。OpenAI 的 STT 可以應用於各種場景，例如：語音辨識、語音命令、語音轉錄等。

OpenAI STT 支援多種語言，包括英文、中文、西班牙文等，並且具有高度準確性和穩定性，它可以處理即時輸入，並能夠在大型語料庫和多種音頻噪聲環境下進行準確的語音識別。

Whister 模型

OpenAI speech-to-Text 是由 OpenAI 開發的一個自然語言處理模型，旨在將語音轉換為文字，這個模型使用了一種稱為「Whisper」的技術，它是 OpenAI 自建的一種自監督學習方法。Whisper 透過對數據進行自我標記來訓練模型，這種方法使得模型可以在缺乏大量標註數據的情況下進行訓練。

轉錄與翻譯

OpenAI STT 提供了二種功能：

❏ **轉錄**：將語音轉錄成語音所使用的文字。
❏ **翻譯**：將語音翻譯並轉錄成英文。

限制

❏ 目前 OpenAI STT API 上傳的語音檔案大小限制為 25 MB。
❏ 支援以下輸入檔案類型：mp3、mp4、mpeg、mpga、m4a、wav 和 webm。

12.2 線上錄音

在測試 OpenAI 的 STT API 之前，我們先錄一段語音檔。步驟如下：

STEP/ **01** 我們可以進行線上錄音，網址如下：(URL) https://online-voice-recorder.com/。
進入網址後的畫面，如圖 12-1 所示。

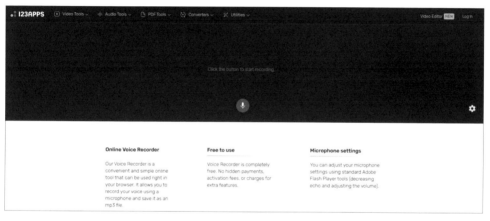

圖 12-1

STEP/ **02** 我們可以按下「麥克風」按鈕進行錄音，完成錄音後按下「Save」按鈕，將
其儲存為語音檔，如圖 12-2 所示。

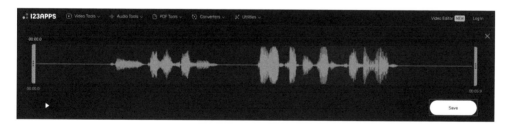

圖 12-2

STEP/ **03** 在本範例中，我們將語音檔取名為「audio.mp3」，檔案儲存位置為「d:/
openai_book/chap12/audio.mp3」。

12.3 使用轉錄 API

使用轉錄 API，可以將語音轉錄成語音所使用的文字。

範例 12-1

❑ 使用轉錄 API，將 audio.mp3 轉錄成中文。

```python
import openai
from decouple import config

openai.api_key = config("OPENAI_API_KEY")

audio_file = open("d:/openai_book/chap12/audio.mp3", "rb")
transcript = openai.Audio.transcribe("whisper-1", audio_file)

message_text=transcript["text"]
print(message_text)
```

在預設情況下，Audio.transcribe API 的回應類型為 json，回應結果中的「"text"」索引會包含轉錄結果的文字。

執行結果

台北哪裡最好玩

12.4 Audio API 結合 Chat API

我們可使用範例 12-1 與 Chat API，將轉錄出來的文字作為 Chat API 的提示訊息來進行提問。

範例 12-2

❑ 定義 convert_audio_to_text() 函式，使用 Audio API，將語音檔轉錄成文字。

❑ 定義 ask_gpt() 函式，將轉錄出來的文字作爲 Chat API 的提示訊息，並回傳串流回答訊息。

```python
import openai
from decouple import config

openai.api_key = config("OPENAI_API_KEY")
file_name = "d:/openai_book/chap12/audio.mp3"

def convert_audio_to_text(audio_file):
    try:
        transcript = openai.Audio.transcribe("whisper-1", audio_file)
        audio_text = transcript["text"]
        return audio_text
    except Exception as e:
        print(e)
        return

def ask_gpt(messages):
    try:
        responses = openai.ChatCompletion.create(
            model="gpt-3.5-turbo",
            messages= messages,
            stream=True
        )
        for resp in responses:
            if 'content' in resp['choices'][0]['delta']:
                yield resp['choices'][0]['delta']['content']
    except Exception as e:
        print(f"Error:{e.error.messages}")

if __name__ == '__main__':
    audio_input=open(file_name,"rb")
```

```
audio_text=convert_audio_to_text(audio_input)
print(f"user: {audio_text}\n")


user_msg = {"role": "user", "content": audio_text}
hist = []
hist.append(user_msg)
# Get chat response
for resp in ask_gpt(hist):
    print(resp, end="")
```

執行結果

user: 台北哪裡最好玩

台灣台北是一個充滿著各種好玩的地方，以下是一些最受歡迎的景點：

1. 象山：位於市中心的一個小山丘，可以欣賞到整個台北市的美景，尤其是夜景，非常
壯觀。...

12.5 文字轉語音

在範例 12-2 中，我們使用 Audio API 將語音檔轉錄出來的文字，作為 Chat API 的
提示訊息來進行提問，提問後 Chat API 會回應串流回答字串。在本節中，我們進一
步將串流回答字串轉為中文語音，讓它可以說出來。

gTTS

若想使用 Python 將中文文字轉換為中文語音檔案，可以使用語音合成套件，如
google text-to-speech (gTTS)。使用 gTTS 套件的步驟如下：

STEP/ **01**　安裝 gTTS 套件。

```
$ pip  install  gTTS
```

STEP/ **02**　匯入 gTTS 套件及 BytesIO 模組。

```
from gtts import gTTS
from io import BytesIO
```

STEP/ **03**　輸入要轉換為語音的中文文字。

```
text = " 你好，今天天氣如何？"
```

STEP/ **04**　建立 gTTS 物件。

```
tts = gTTS(text, lang='zh-TW')
```

STEP/ **05**　將語音串流保存至記憶體中。

```
tts.write_to_fp(mp3_fp)
```

STEP/ **06**　有了 mp3_fp 後，我們可以使用 pygame 模組，載入 mp3_fp，將其視為 mp3
檔案進行播放。

播放語音檔案

我們可以使用 Python 的 pygame 模組來播放語音檔案。使用 pygame 模組的步驟
如下：

STEP/ **01**　安裝 pygame 套件。

```
$ pip  install  pygame
```

STEP/ **02**　匯入 pygame 套件。

```
import pygame
```

Python 程式設計與 OpenAI API 應用

STEP/ **03** 初始化 pygame。

```
pygame.init()
```

STEP/ **04** 播放記憶體中的 mp3_fp。

```
mp3_fp.seek(0)
sound=pygame.mixer.Sound(mp3_fp)
sound.play()
```

STEP/ **05** 等待語音播放完畢。

```
while pygame.mixer.get_busy() == True:
    continue
```

STEP/ **06** 離開 pygame。

```
pygame.quit()
```

範例 12-3

❑ 定義 say() 函式,使用 gTTS 及 pygame 模組,將中文文字轉換為中文語音。

❑ 主程式為一個定時播報語音的程式,會每隔 1 分鐘進行時間的語音播報。

```
import time
from gtts import gTTS
import pygame
from io import BytesIO
from datetime import datetime


def say(resp):
    if len(resp)==0:
        return

    mp3_fp = BytesIO()
```

```
        tts = gTTS(resp, lang='zh-TW', slow=False)
        tts.write_to_fp(mp3_fp)

        pygame.init()
        mp3_fp.seek(0)
        sound=pygame.mixer.Sound(mp3_fp)
        sound.play()
        while pygame.mixer.get_busy() == True:
            continue
        pygame.quit()

while(1):
    hour=datetime.now().strftime('%H')
    minute=datetime.now().strftime('%M')
    second=datetime.now().strftime('%S')
    print(f"second: {second}")
    while second == '00':
        say(" 現在時間 , "+hour+" 點 , "+minute+" 分 ")
        second=datetime.now().strftime('%S')

    time.sleep(1)
```

執行結果

```
...
second: 57
second: 58
second: 59
second: 00
（語音報時）
...
```

12.6 gTTS 結合 ChatGPT API

有了範例 12-3 的 say() 函式，我們進一步擴充範例 12-2 的執行結果，將 Chat API 回應的串流回答字串進行串流語音輸出。

範例 12-4

❏ 定義 convert_audio_to_text() 函式，使用 Audio API 將語音檔轉錄成文字。

❏ 定義 ask_gpt() 函式，將轉錄出來的文字作為 Chat API 的提示訊息，並回傳串流回答訊息。

❏ 定義 say() 函式，使用 gTTS 及 pygame 模組，將 Chat API 回傳的串流回答訊息，以串流語音說出來。

```python
import openai
from decouple import config
from gtts import gTTS
import pygame
from io import BytesIO

openai.api_key = config("OPENAI_API_KEY")

file_name = "d:/openai_book/chap12/audio.mp3"

def say(resp):
    if len(resp)==0:
        return

    mp3_fp = BytesIO()
    tts = gTTS(resp, lang='zh-TW', slow=False)
    tts.write_to_fp(mp3_fp)
    mp3_fp.seek(0)

    pygame.init()
```

```python
    sound=pygame.mixer.Sound(mp3_fp)
    sound.play()
    while pygame.mixer.get_busy() == True:
        continue
    pygame.quit()


def convert_audio_to_text(audio_file):
    try:
        transcript = openai.Audio.transcribe("whisper-1", audio_file)
        audio_text = transcript["text"]
        return audio_text
    except Exception as e:
        print(e)
        return


def ask_gpt(messages):
    try:
        responses = openai.ChatCompletion.create(
            model="gpt-3.5-turbo",
            messages= messages,
            stream=True
        )
        for resp in responses:
            if 'content' in resp['choices'][0]['delta']:
                yield resp['choices'][0]['delta']['content']
    except Exception as e:
        print(f"Error:{e.error.messages}")


if __name__ == '__main__':
    audio_input=open(file_name,"rb")
    audio_text=convert_audio_to_text(audio_input)
    print(f"user: {audio_text}\n")

    user_msg = {"role": "user", "content": audio_text}
    hist = []
    hist.append(user_msg)
```

```
# Get chat response
reply_list=[]
msg_list=[]
cnt=0
for resp in ask_gpt(hist):
    cnt += 1
    print(resp, end="")
    msg_list.append(resp)
    if (resp=="，" or resp=="。" or resp=="：" or resp=="。\n\n"):
        msg=msg_list[0:cnt]
        msg2="".join(msg)
        say(msg2)
        msg_list=msg_list[cnt:]
        cnt=0
    reply_list.append(resp)
```

❏ 程式中的下列敘述會將 Chat API 回傳的串流回答訊息放置在串列 msg_list 中，並
進行斷句，讓語音輸出更為自然，同時將已說過的話移除。

```
cnt += 1
msg_list.append(resp)
if (resp=="，" or resp=="。" or resp=="：" or resp=="。\n\n"):
    msg=msg_list[0:cnt]
    msg2="".join(msg)
    say(msg2)
    msg_list=msg_list[cnt:]
    cnt=0
```

執行結果

```
user: 請以中文說明台灣台北哪裡最好玩

台灣台北是一個充滿魅力和活力的城市，（播放語音）
有許多值得探索和遊玩的地方。（播放語音）
....
```

12.7　Pyaudio 套件

在範例 12-4 中，我們已說明了如何使用 Audio API，將語音檔轉錄成文字，接著將轉錄出來的文字作為 Chat API 的提示訊息，並回傳串流回答訊息，然後使用 gTTS 及 pygame 模組，將 Chat API 回傳的串流回答訊息以串流語音說出來。在本小節中，我們將說明如何以 Python 程式進行錄音。

我們可以使用 Python 的 pyaudio 套件，搭配 Python 內建的 wave 函式庫，實現透過麥克風錄製聲音的功能。使用 pyaudio 的步驟如下：

STEP/ **01** 安裝 Pyaduio 套件。

```
pip install Pyaudio
```

STEP/ **02** 匯入 pyaduio 套件。

```
import pyaudio
```

STEP/ **03** 定義參數。

```
CHUNK = 1024
FORMAT = pyaudio.paInt16
CHANNELS = 1
RATE = 44100
FILENAME = "d:/openai_book/chap12/record.wav"
```

說明

❏ CHUCK：記錄聲音的樣本區塊大小。

❏ FORMAT：樣本格式，可使用 paFloat32、paInt32、paInt24、paInt16、paInt8、paUInt8、paCustomFormat 等格式。

❏ CHANNELS：聲道數量。

❏ RATE：取樣頻率，常見值為 44100（CD）、48000（DVD）、22050、24000、12000 和 11025。

❏ FILENAME：錄音檔名。

STEP/ **04** 建立 pyaduio 物件。

```
p = pyaudio.PyAudio()
```

STEP/ **05** 開啟錄音串流。

```
stream = p.open(format=FORMAT,
    channels=CHANNELS,
    rate=RATE,
    input=True,
    frames_per_buffer=CHUNK)
```

STEP/ **06** 建立聲音串列，其中 self.recording 是一個旗標，當 self.recording 為 True 時，會將聲音放至串列中。

```
frames = []
while self.recording:
    data = stream.read(CHUNK)
    frames.append(data)
```

STEP/ **07** 當 self.recording 為 Fasle 時，會跳出迴圈，停止錄音，關閉串流。

```
stream.stop_stream()
stream.close()
p.terminate()
```

STEP/ **08** 錄音完成，將聲音串列存成語音檔。

```
try:
    wf = wave.open(FILENAME, 'wb')
    wf.setnchannels(CHANNELS)
    wf.setsampwidth(p.get_sample_size(FORMAT))
```

```
        wf.setframerate(RATE)
        wf.writeframes(b"".join(frames))
        wf.close()
except Exception as e:
    print(str(e))
```

範例 12-5

❏ 定義 AudioRecorderApp 類別。

❏ 定義 __init__() 方法，配置 tkinter 的 Button 控制元件及 Label 控制元件。

❏ 定義 toggle_recording() 方法，按一下 Button 控制元件，會開啟執行緒進行錄音，再按一下 Button 控制元件，會停止錄音。

❏ 定義 record_audio() 方法，使用 pyaudio 進行錄音，並將聲音存成 wav 檔。

```
import tkinter as tk
from tkinter import ttk
import threading
import pyaudio
import wave

class AudioRecorderApp:
    def __init__(self, root, file_name):
        self.root = root
        self.file_name=file_name
        self.window_center()
        self.recording = False

        # 錄音按鈕
        self.record_button = ttk.Button(root, text=" 錄音 ", width=20,
            command=self.toggle_recording)
        self.record_button.pack(padx=10, pady=10)

        # 顯示狀態的 Label
        self.status_label = ttk.Label(root, text="")
```

```python
        self.status_label.pack(padx=10, pady=10)

    def window_center(self):
        # 視窗位置置中
        self.root.title("Audio Recorder")
        window_width=300
        window_height=200
        screen_width=self.root.winfo_screenwidth()
        screen_height=self.root.winfo_screenheight()
        center_x=int(screen_width/2-window_width/2)
        center_y=int(screen_height/2-window_height/2)
        self.root.geometry(f"{window_width}x{window_height}+{center_x}+{center_y}")

    def toggle_recording(self):
        if not self.recording:
            self.recording = True
            self.record_button.config(text=" 停止錄音 ")
            self.status_label.config(text=" 錄音中 ...")
            self.record_thread = threading.Thread(target=self.record_audio)
            self.record_thread.start()
        else:
            self.recording = False
            self.record_button.config(text=" 錄音 ")
            self.status_label.config(text=" 錄音完成。")

    def record_audio(self):
        CHUNK = 1024
        FORMAT = pyaudio.paInt16
        CHANNELS = 1
        RATE = 44100
        FILENAME = self.file_name

        p = pyaudio.PyAudio()

        stream = p.open(format=FORMAT,
```

```
                        channels=CHANNELS,
                        rate=RATE,
                        input=True,
                        frames_per_buffer=CHUNK)

        frames = []

        while self.recording:
            data = stream.read(CHUNK)
            frames.append(data)

        stream.stop_stream()
        stream.close()
        p.terminate()

        try:
            wf = wave.open(FILENAME, 'wb')
            wf.setnchannels(CHANNELS)
            wf.setsampwidth(p.get_sample_size(FORMAT))
            wf.setframerate(RATE)
            wf.writeframes(b''.join(frames))
            wf.close()
        except Exception as e:
            print(str(e))

if __name__ == "__main__":
    root = tk.Tk()
    file_name="d:/openai_book/chap12/record_temp.wav"
    app = AudioRecorderApp(root, file_name)
    root.mainloop()
```

執行結果

程式執行結果，如圖 12-3 所示。

圖 12-3

按下「錄音」按鈕，可進行錄音，如圖 12-4 所示。

圖 12-4

再按下「停止錄音」按鈕，可停止錄音，並可將聲音存成「d:/openai_book/ chap12/record_temp.wav」，如圖 12-5 所示。

圖 12-5

12.8 非同步 GUI 版語音聊天程式

　　結合本書之前所學的程式設計知識，現在我們終於可以設定一款非同步 GUI 版的
語音聊天程式。

範例 12-6

❑ 首先，我們將第 10 章學到的 Chat API 程式範例整理成 cls_chatgpt 類別，並將其
　存檔為 clsChat.py。

```python
import openai
import json
import asyncio


class cls_chatgpt():
    def __init__(self, json_file):
        self.json_file = json_file
        self.recording=False


    async def ask_gpt(self,user_msg):
        self.hist=self.get_hist()
        self.hist.append({"role":"user", "content": user_msg})
        try:
            responses = await asyncio.to_thread(
                openai.ChatCompletion.create,
                model="gpt-3.5-turbo",
                messages= self.hist,
                stream=True
            )

            for resp in responses:
                if 'content' in resp['choices'][0]['delta']:
                    yield resp['choices'][0]['delta']['content']
```

```
        except Exception as e:
            yield str(e)


    def reset_hist(self):
        open(self.json_file, "w")


    def get_hist(self):
        self.hist=[]
        self.hist.append({"role":"system", "content": " 你會說中文，是聰明的助
理 "})
        try:
            with open(self.json_file) as f:
                data = json.load(f)

                if data:
                    if len(data) < 5:
                        for item in data:
                            self.hist.append(item)
                    else:
                        for item in data[-5:]:
                            self.hist.append(item)
                else:
                    return self.hist
        except Exception as e:
            pass


        return self.hist


    def save_hist(self,user_msg, reply_msg):
        self.hist = self.get_hist()[1:]
        self.hist.append({"role":"user", "content": user_msg})
        self.hist.append({"role":"assistant", "content": reply_msg})

        with open(self.json_file, "w", encoding="utf-8") as f:
            json.dump(self.hist,f)
```

```
def load_hist(self):
    self.mess=""
    try:
        with open(self.json_file) as f:
            data = json.load(f)

            for item in data:
                role=item['role']
                content=item['content']
                self.mess += f"{role} :\n {content}\n\n"
    except Exception as e:
        pass


    return self.mess
```

❑ 接著，我們將本章學到的程式範例整理成 cls_audio 類別，並存成 clsAudio.py。

```
import openai
from io import BytesIO
from gtts import gTTS
import pygame
import pyaudio
import wave
import asyncio


class cls_audio:
    def __init__(self, record_file):
        self.record_file=record_file
        self.mess=""
        self.recording=False

    def set_recording(self, flag):
        self.recording=flag


    async def transcribe_audio(self):
```

```python
    try:
        with open(self.record_file, "rb") as audio_file:
            responses = await asyncio.to_thread(
                openai.Audio.transcribe,
                model="whisper-1",
                language="zh",
                file=audio_file
            )

            for resp in responses.text:
                yield resp

    except Exception as e:
        yield str(e)

def say(self, mess):
    self.mess=mess
    if len(self.mess)==0:
        return

    mp3_fp = BytesIO()
    tts = gTTS(self.mess, lang='zh-TW', slow=False)
    tts.write_to_fp(mp3_fp)

    pygame.init()
    mp3_fp.seek(0)
    sound=pygame.mixer.Sound(mp3_fp)
    sound.play()
    while pygame.mixer.get_busy() == True:
        continue
    pygame.quit()

def record_audio(self):
    self.chunk = 1024
    self.format = pyaudio.paInt16
    self.channels = 1
```

```
        self.rate = 44100


    p = pyaudio.PyAudio()


    stream = p.open(format=self.format,
                    channels=self.channels,
                    rate=self.rate,
                    input=True,
                    frames_per_buffer=self.chunk)


    frames = []

    while self.recording:
        data = stream.read(self.chunk)
        frames.append(data)

    stream.stop_stream()
    stream.close()
    p.terminate()


    try:
        wf = wave.open(self.record_file, 'wb')
        wf.setnchannels(self.channels)
        wf.setsampwidth(p.get_sample_size(self.format))
        wf.setframerate(self.rate)
        wf.writeframes(b''.join(frames))
        wf.close()
    except Exception as e:
        print(str(e))
```

❏ 設計 tkinter 非同步 GUI 程式。

```
import tkinter as tk
from tkinter import ttk, font
from tkinter.scrolledtext import ScrolledText
import openai
```

```
import asyncio
from async_tkinter_loop import async_handler, async_mainloop
from decouple import config
from clsAudio import cls_audio
from clsChat import cls_chatgpt


openai.api_key=config('OPENAI_API_KEY')


class AudioRecorderApp:
    def __init__(self, root):
        self.record_file="d:/openai_book/chap12/record.wav"
        self.audio=cls_audio(record_file=self.record_file)
        self.audio.set_recording(False)
        self.json_file="d:/openai_book/chap12/hist_data.json"
        self.chat=cls_chatgpt(json_file=self.json_file)

        self.root = root
        self.root.title("Audio Recorder")
        self.width=900
        self.height=600
        self.window_center()
        self.window_font()
        self.recording=False
        self.window_layout()


    def window_layout(self):
        # 錄音
        self.record_button = ttk.Button(root, text=" 錄音 ",
            command=async_handler(self.toggle_recording))
        self.record_button.pack(padx=10, pady=10)

        self.status_label = ttk.Label(root, text="", background="light yellow")
        self.status_label.pack(padx=10, pady=10)

        # 提示輸入
        self.user_text = ScrolledText(root, width=90, height=3, font=self.myfont)
```

```
        self.user_text.pack(padx=10, pady=10)


        self.frame=ttk.Frame(root)
        self.frame.pack(padx=10, pady=10)


        # 提交按鈕
        self.btn_submit = ttk.Button(self.frame, text=" 提交 ", width=15,
            command=async_handler(self.on_submit))
        self.btn_submit.pack(side='left', padx=10)


        # 新對話按鈕
        self.btn_new = ttk.Button(self.frame, text=" 新對話 ",
            width=15,command=self.on_new)
        self.btn_new.pack(side='left', padx=10)


        # 載入對話歷史按鈕
        self.btn_load = ttk.Button(self.frame, text=" 載入對話歷史 ",
            width=15,command=async_handler(self.on_load))
        self.btn_load.pack(side='left', padx=10)


        self.ck_var=tk.IntVar()
        self.ck_say=ttk.Checkbutton(self.frame, text=" 語音輸出 ", variable=
self.ck_var)
        self.ck_say.pack(side='left', padx=10)


        # 測試語音
        self.btn_test = ttk.Button(self.frame, text=" 測試語音 ",
            width=15,command=self.on_test)
        self.btn_test.pack(side='left', padx=10)


        # 提示輸入框
        self.result_text = ScrolledText(root, width=90, height=15, font=self.
myfont)
        self.result_text.pack(padx=10, pady=10)


    def window_font(self):
```

```python
        # 設定 ttk 控制元件字型
        self.style=ttk.Style()
        self.style.configure('.', font=(' 微軟正黑體 ', 12))

        # 設定 tk 控制元件字型
        self.myfont=font.Font(family=" 微軟正黑體 ", size=12)

    def window_center(self):
        # 視窗位置置中
        self.root.title("Audio Recorder")
        screen_width=self.root.winfo_screenwidth()
        screen_height=self.root.winfo_screenheight()
        center_x=int(screen_width/2-self.width/2)
        center_y=int(screen_height/2-self.height/2)
        self.root.geometry(f"{self.width}x{self.height}+{center_x}+{center_y}")

    async def toggle_recording(self):
        if not self.recording:
            self.recording=True
            self.audio.set_recording(True)
            self.record_button.config(text=" 停止錄音 ")
            self.status_label.config(text=" 錄音中 ...")
            await asyncio.to_thread(self.audio.record_audio)
            await self.on_transcribe()
        else:
            self.recording=False
            self.audio.set_recording(False)
            self.record_button.config(text=" 錄音 ")
            self.status_label.config(text=" 錄音完成 ")

    async def on_transcribe(self):
        self.status_label["text"]=" 翻譯中 ..."
        self.user_text.delete(1.0, tk.END)
        async for resp in self.audio.transcribe_audio():
            self.user_text.insert(tk.END, resp)
            self.root.update()
```

```python
        self.status_label["text"]=""

        #await self.on_submit()

    async def on_submit(self):
        self.user_msg = self.user_text.get('1.0', tk.END)

        self.reply_list=[]
        self.result_text.config(state=tk.NORMAL)
        self.result_text.delete(1.0, tk.END)
        self.msg_list=[]
        self.cnt=0
        async for resp in self.chat.ask_gpt(self.user_msg):
            self.cnt += 1
            self.result_text.insert(tk.END, resp)
            self.reply_list.append(resp)
            root.update()

            self.msg_list.append(resp)

            if self.ck_var.get()==1:
                if (resp=="，" or resp=="。" or resp=="："
                    or resp=="。\n\n" or resp=="？" or resp=="!"
                    or resp==":\n\n"):
                    self.msg=self.msg_list[0:self.cnt]
                    self.msg2="".join(self.msg)
                    await asyncio.to_thread(self.audio.say,self.msg2)
                    self.msg_list=self.msg_list[self.cnt:]
                    self.cnt=0

        #print(self.reply_list)
        self.result_text.config(state=tk.DISABLED)
        self.reply_msg="".join(self.reply_list)
        self.chat.save_hist(self.user_msg, self.reply_msg)

    def on_test(self):
```

```python
        self.text=" 你好，這是測試。"
        self.audio.say(self.text)

    def on_clear(self):
        self.user_text.delete('1.0', tk.END)
        self.result_text.config(state=tk.NORMAL)
        self.result_text.delete(1.0, tk.END)
        self.result_text.config(state=tk.DISABLED)

    def on_new(self):
        self.on_clear()
        self.chat.reset_hist()

    async def on_load(self):
        self.on_clear()
        self.mess=await asyncio.to_thread(self.chat.load_hist)
        self.result_text.config(state=tk.NORMAL)
        self.result_text.insert(1.0, self.mess)
        self.result_text.config(state=tk.DISABLED)

if __name__ == "__main__":
    root = tk.Tk()
    app = AudioRecorderApp(root)
    async_mainloop(root)
```

執行結果

程式執行結果，如圖 12-6 所示。

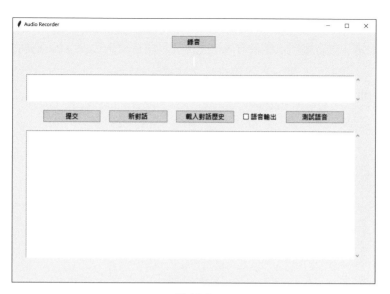

圖 12-6

　　按下「新對話」按鈕，可以將儲存歷史對話紀錄的 json 檔案內容清除；按下「錄音」按鈕，可進行錄音，錄音完成後，會將其轉錄成中文文字，如圖 12-7 所示。若錄音檔的轉錄結果不理想，可重新按下「錄音」按鈕進行錄音，或是直接修改提示訊息。

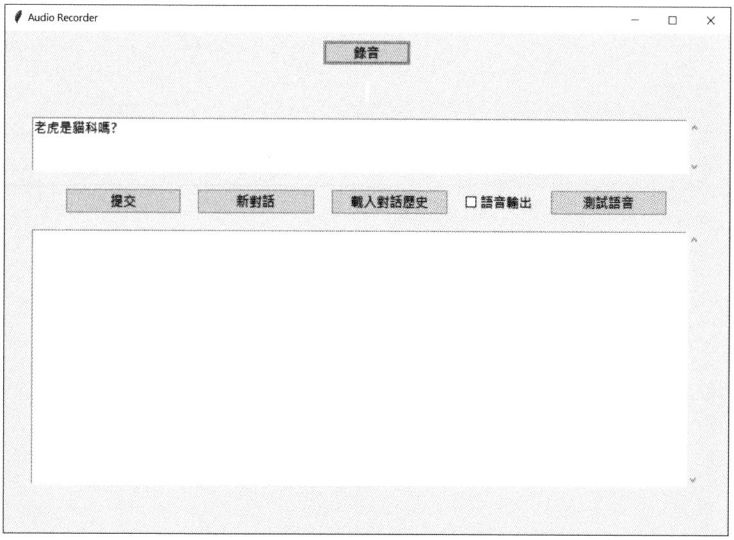

圖 12-7

　　提示訊息修改完成後，可以按下「測試語音」按鈕，來測試是否可以聽到語音輸出；可以勾選「語音輸出」核取方塊，選擇要以語音說出 Chat API 回傳的串流回答訊息；按下「提交」按鈕，即可將提示訊息提交給 Chat API，並以語音說出 Chat API 回傳的串流回答訊息，如圖 12-8 所示。

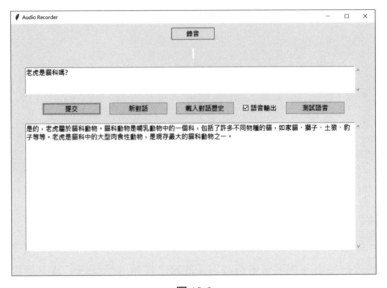

圖 12-8

　　可繼續進行錄音，提交提示訊息，如圖 12-9 所示。

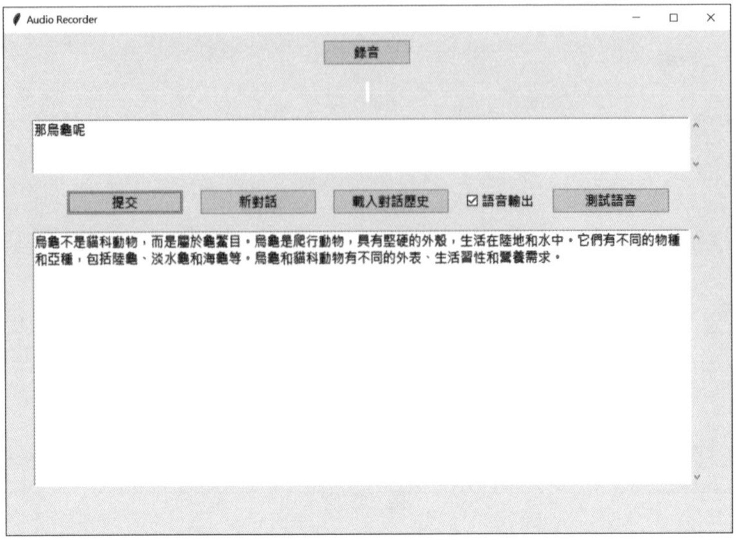

圖 12-9

按下「載入對話歷史」按鈕,可以顯示歷史對話紀綠,如圖 12-10 所示。

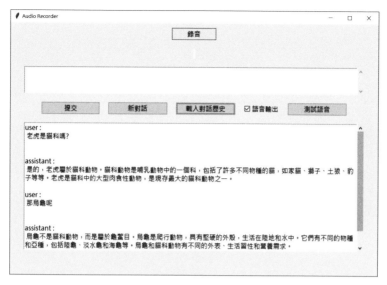

圖 12-10

M • E • M • O

M · E · M · O

M • E • M • O